EINSTEIN'S BOSS
10 RULES FOR LEADING GENIUS

部屬比你聰明怎麼帶？

向愛因斯坦的老闆學領導

羅伯特・赫羅馬斯、克利斯托福・赫羅馬斯
Robert Hromas with Christopher Hromas —— 著
朱崇旻 —— 譯

這本書獻給莎莉・赫羅馬斯，
是她最先為這本書傾注了信念，
也獻給嘉柏莉・赫羅馬斯，
是她堅定不移的支持幫助我們完成這本書。

目錄

佳評如潮

一行白鷺上青天

對於領導者而言，管理聰明部屬面對的是複雜、不確定的環境，這不只是因為天才既沒有固定的樣態、不喜歡與人合作，也是因為他們習於反對權威、總是被新鮮的點子所吸引。這時領導者若能掌握一些簡單法則，就能以簡馭繁，在有序與無序、穩定與創新之間保持平衡，進而達到「一行白鷺上青天」的效果。在本書裡，作者根據多年經驗所發展的十條守則，就是協助領導人管理天才型員工的實用簡則。

「千里馬常有，而伯樂不常有。」真正優秀的領導人，不需要能力超群，也不必事必躬親，但卻是最能建立團隊，讓大家的能力與潛力都能發揮到極致，這樣的領導特質對於帶領聰明部屬更是重要。漢朝開國皇帝劉邦帶領的部屬，都是比他聰明、有能力的人中豪傑，從張良、蕭何，到韓信，都是如此。但能夠認清自己的不足（守則一），不成為聰明部屬的絆腳石（守則二），是劉邦可以開創大漢王朝的重要關鍵。

不只是真實的歷史人物，即便是漫畫裡的角色，也能告訴我們管理天才部屬的道理。電影《復仇者聯盟》中的眾多超級英雄裡，若論起特異功能，美國隊長肯定不是最突出，但他卻是大家公認的領導者。不像鋼鐵人的自以為是，美國隊長總是表現出安靜、願意傾聽大家說話的態度（守則三）；也不像黑寡婦的神祕難以捉摸，或是雷神索爾的衝動愛逞強，美國隊長的正直、公正、無私代表的即是「透明化領導」（守則四）。而讓《復仇者聯盟》裡的超級英雄發揮最大戰力的領導方式，無疑是要改變我行我素、獨來獨往的天才行為，發揮一加一大於二的精神（守則五）。

鬼谷子有言：「與智者言，依於博」。然而面對天才型部屬，領導者若只依靠自己的經驗與直覺來做判斷，總會有所不足，這時就要懂得運用數字來強化自己的說服力，也就是懂得從「狂人領導」轉變為「數字領導」，從「Mad Man」變成為「Math Man」（守則六）。領導聰明部屬，也須心無旁騖，專注於所設定的目標（守則七）。就像《西遊記》裡的唐僧，專心致志地前往西方取經。在唐僧的才德感化與帶領下，好鬥易怒的孫悟空才可以受到控制，進而適當發揮（守則八）。

領導聰明部屬如雷神索爾或孫悟空，除了才德兼備，也著重策略與願景。雷根被認為是二十世紀最偉大的美國總統，但他鐵定不是行政團隊中最聰明的人，據說他總會在內閣會議中打盹，但關鍵時刻又總能以言語激勵人心，讓聰明部屬心甘情願地投入工作（守則九）。另一位美國總統甘迺迪在古巴危機的十三天中，保持冷靜，顯露堅強的個性（守則十），也讓他贏得偉大領導者的美名。

雖然帶領聰明部屬很難，但「大道至簡」，若能掌握本書的十條守則，也就能「以無厚入有間，恢恢乎其於游刃必有餘地矣。」

——洪世章，國立清華大學科技管理研究所清華講座教授

透明、公開、授權，打造讓聰明員工自我實現的工作環境

一流的老闆帶領一流的幹部，二流的老闆大多聘用三流的人。一個管理者經常需要帶領團隊中各種專長比自己強的員工。本書作者透過分享愛因斯坦的老闆弗萊茲創立普林斯頓高等研究院、管理由全球知名菁英組成的團隊的故事，歸納出幾條管理優秀人才

的守則讓我們參考。

絕頂聰明的人為什麼要當你的部屬？聰明人通常比較專注在自己專長的事物，如果在你的帶領下，他可以做他喜歡做的事、做他擅長的事，工作場所提供了他自我實現的機會。帶領聰明部屬，其實只要創造並維持一個良好的工作環境，讓他有自我實現的機會，他就會滿足。

但是創造並維持一個良好的工作環境並不容易。聰明員工有許多創意，而想要實踐創意需要特定的工作環境與條件。聰明人也比較喜歡跟聰明人在一起工作，不喜歡他人在背後指揮他工作的細節，他們需要相當程度的授權與自由。同時，他們也需要和同事達成明確的共識，了解工作任務及目標。荷蘭商漢微科公司能被世界最大的半導體設備廠——艾司摩爾——以一千億入股的傳奇，也見證了創造並維持一個良好的工作環境，其實並不容易。

當初在美國發展電子束技術的四位華裔工程師來台灣尋求資金投資，起先遇到的創投公司對技術不甚了解，直到遇見漢民集團創辦人黃民奇先生才找到知音。黃民奇先生畢業於交大電子物理系，他體會到用光學檢測半導體到了極微小的奈米期階段，會達到物理的極限，只能靠發射一系列的電子打進電路，透過電子的反射狀況來判定該區域的電路特性。

我記得黃民奇先生定期匯款支持這四位工程師在美國的技術研發，並沒有時時刻刻緊盯他們。據說過了四年之後，才撥了一通電話詢問負責聯繫的漢微科公司招允佳總經理說：「你們是不是還在做電子槍？」招允佳回答說：「是啊，我們還在做電子槍。」黃民奇先生就放心了。

本書中有關「透明化」的守則，也是我在課堂上特別喜歡強調的。跟讀者分享如下。

我曾經帶過一個研發團隊，其中有七組硬體工程師、七組軟體工程師和一群測試工程師。每週五我請助理公布所有團隊的工作現況，張貼在走廊上。這有何好處？首先，每位工程師都有機會了解全公司有哪些案子？目前有哪些人在執行？進度如何？遇到什麼困難？由誰負責？這就好像一張團體照，每一個人都可以看到自己、也可以看到別人的進度。如果認知有差異，可以及時向助理更正。此外，由於每週公布進度，有責任感的工程師也會自我要求達成合理的進度。我只要掌握這十三位主管的情況，將注意力集中在優先的專案，協調他們之間的資源分配與任務支援即可。

另外，我曾經在一家國外企業任職。員工每年都會收到一張座標圖，圖上的各點標示了年資與薪資分布圖。每個人可以依照自己的年資和薪資，在座標圖上找到相對應的座標點，座標點上標示的數字則代表人數。例如：我的年資三年、薪資六萬，就可以根據這些數字找到座標點。上面若是標示「5」，代表年資、薪資跟我一樣的有五人。這種方式既可達成透明化又保障了隱私。用意是告訴每一位員工，在整體的薪資分布表上他是偏高或偏低，也能讓員工自行評估他在組織裡的貢獻度與重要性。

透過這些實際的案例可以發現，創造並維持一個良好的工作環境，並且善用「透明化」守則，大部分知識工作者都能自我管理，在他們自我實現的同時，也帶動組織成長。

——楊千，國立交通大學榮譽退休教授

《部屬比你聰明怎麼帶？》是一本有趣又寶貴的書，教讀者如何管理像是科學家、工程師等聰明部屬，創造能讓天才發展新科技的環境。

——史坦利·布魯希納（Stanley Prusiner）醫學博士，一九九七年諾貝爾生理學或醫學獎得主，加州大學舊金山分校神經退行性疾病研究所所長只要是主管，就會以帶領員工完成組織的各項計畫為目標，本書提出十項簡單的守則，幫助你有效管理天才型部屬。

——派特．佛洛斯特（Pat Frost），佛洛斯特銀行總裁

每一位有幸網羅天才員工的主管，都能從本書學到管理的精髓，並發現自己如果更早看到這本書，事業必定做得比今天成功。赫羅馬斯的寫作風格簡單易讀，卻也蘊含非常深刻的教訓。

——吉姆．亞當斯（Jim Adams），昂可輸電公司董事長，前西南貝爾電話公司執行長

說服一群聰明人團結合作，有點像是養一群智力極高的大型貓科動物，這是領導人最困難的任務之一。我們能從亞伯拉罕．弗萊茲和阿爾伯特．愛因斯坦的關係中學習，掌握領導人籌組天才團隊的要領。

——彼得．阿格雷（Peter Agre）醫學博士，二〇〇三年諾貝爾化學獎得主，約翰．霍普金斯大學瘧疾研究所所長

作者巧妙地透過本書告訴我們，愛因斯坦和其他天才即使有驚人的才華，若沒有人有技巧、有組織地領導他們，這些天才的聰明才智也許永遠無法開花結果。

——艾德．凱利（Ed Kelley），前USAA房地產公司執行長

作者的話

如果我第一次擔任團隊領袖時看過這本書，也許就不會盲目地犯下那麼多錯誤，今天的我也不會為此感到後悔。身為白血病專家與德州大學聖安東尼奧醫學中心羅札諾．隆醫學院的院長，我必須領導由一千三百多名教職員、九百多名學生、近乎三千名工作人員與超過八百名實習醫生組成的醫學院，另外還得管理一間研發癌症新藥的研究室。我過去於佛羅里達大學醫學系任教，我可以驕傲地告訴你，我們系所生物技術移轉的價值超過十億美元。

我領導的團隊裡有各個領域的專家：有機化學家、分子生物學家、介入性心臟病學家（interventional cardiologist），還有擅長雷射治療的皮膚科醫師。除了醫師以外，我還必須管理數百位科學家，有生醫工程師、數學家、生理學家和分子藥理學家，我們作為硬體工程師、軟體工程師、網路安全專家與資訊分析師等形形色色電腦科學家的支援團隊，記者、品管專家、心理學家、行銷人員、會計師，以及負責中央行政業務的工商管理碩士都在我們團隊之列。我和這麼多聰明絕頂的專家合作，學到了寶貴的教訓：天才並沒有固定的樣態，人才也不侷限於某一領域。我們團隊中有數百名天才成員，他們是各個不同領域的專家，要領導這個菁英團隊，我必須採用新的領導方式。

我面對的挑戰有三：管理組織內部不同領域的天才成員、將發展與進步融入實作，以及做出有意義的成果，而最困難的部分就是讓團隊中所有的天才齊心協力完成工作。天才常認為自己最了解現況，當團隊裡有一群天才時，他們可能會各自朝心目中最好的方向前進，整體卻一事無成。我的經驗告訴我，比起其他的管理工作，管理天才難上加難、也更複雜，但如果你有本事讓天才們合作，就有機會改變世界。

「領導天才就像帶領一支由上將組成的軍隊。」醫師與醫療品管專家鮑伯・勒佛倫斯（Bob Leverence）說的這句話太有道理了。天才有別人看不透的見解，能想到別人想不到的事情，也習慣獨力完成工作。

一個極富創意的人習與自己的心思獨處，我團隊中的天才電腦科學家、醫師與分子生物學家並不把我視為領導人，他們喜歡獨自辦事，能不和我、和其他同仁扯上關係最好。歷史上的天才，通常都是在自己腦中找到新發現。

今日，成功團隊背後多了科技這個新動力，經濟學家勞勃・梭羅（Robert Solow）能獲得諾貝爾獎，就是因為他知道帶動大型經濟發展的不是勞力或基礎建設，而是科技進步——現在，我們稱這種推動經濟發展的引擎為「索洛殘差」（Solow Residual）。[1]基礎建設與勞力的成長，只推動了美國經濟輸出成長的一五%，剩下的即是索洛殘差的功勞。

新科技當然不會憑空冒出來，有聰明人，我們才能發展新科技，這些聰明人能跨越知識的極限，他們不只是站在崖邊窺探新知，而是縱身躍下懸崖。過去，最聰明的人大多在大學工作，但現在有非常多——甚至是絕大多數——的頂尖科學家與工程師在上市公司工作，幫助公司製造新產品、推動經濟發展。工程學、電腦學與生醫科學的進步速度太快，就連近幾年的新科技也迅速被時代淘汰，唯有時時更新科技，你才不會落伍。在科技如此進步的現代，成功領導菁英團隊的人才能在競爭激烈的環境中做出效率。

新科技含括太多部分、太多領域，需要各領域的專家合作，團隊才有辦法研發出新科技。一個人再怎麼聰明也無法成為眾多領域的通才，獨力推動科技進步。問題是，大多數天才不習慣團隊合作，他們可能從小就因智力高人一等而獨來獨往，他們喜歡用自己的方式、按自己的計畫解決問題。

比爾．蓋茲（Bill Gates）和伊隆．馬斯克（Elon Musk）是科技界人人熟知的領導人物，他們同時是天才和領導人——但他們屬於例外。事實是，我們很少會留意到高科技研發計畫的領導人，因為他們本身沒有發現新知、沒有得到諾貝爾獎、沒有申請專利，也沒有在研討會上發表新發現。天才的領導人往往隱身後臺，讓天才站上臺接受眾人的掌聲。

天才能吸引大眾的目光，但在成就科技進步的路上，天才的領導人同樣厥功甚偉。光是一群天才沒辦法走向成功，他們需要一個強而有力的領導人指引方向、移除路上的障礙、設定目標、說服其他人朝相同的目標前進，並為新發現或新發明找到應用的方法。

過去數十年的嘗試、失敗與成功，讓我學到寶貴教訓。真希望過去的我能準備得更完善，用更成熟的領導方法去面對困境；我上過那麼多管理課程，卻沒有一堂課教我如何領導天才型員工。我發現，一般的領導原則不適用於超高智商的團隊。我當過主管，也當過科學研究團隊的成員，因此可以理解雙方的立場，從雙方的視角剖析菁英團隊可

註1：估算出總量生產函數後，採用產出增長率扣除各投入要素增長率後的殘差來測算全要素生產率增長，故也稱生產函數法。

能遇到的問題，以及成功帶領這種團隊的原則。我在此將我學到的教訓濃縮成十條實用的守則，這是多年來實測的成果，《部屬比你聰明怎麼帶？》一書就是為了詳細說明這些守則而寫。

這些年來，每當我遇到帶人障礙都會不禁好奇：愛因斯坦的老闆負責帶領當時全球聞名的天才，心裡作何感受？是否也曾經遇到與我相同的難題？研究後發現，愛因斯坦的老闆亞伯拉罕・弗萊茲（Abraham Flexner）在紐澤西創立普林斯頓高等研究院（Institute for Advanced Study at Princeton University），管理全球知名菁英組成的團隊時，也採用了我在本書羅列的幾條守則。《部屬比你聰明怎麼帶？》揉合了我個人的創新、成功經驗、錯過的機會，以及業界的失敗案例，當然還有亞伯拉罕・弗萊茲的故事，書中詳述了他的非凡願景與領導天才團隊的能力。當你實際運用管理天才型員工的十大守則，一定能看到團隊的創意與生產力大幅提升，我自己親身實測且見證了這些方法的成效，我深信你一定能活用十大守則，成為更有力的領導人。

《部屬比你聰明怎麼帶？》將幫助你理解管理天才型員工的難處、協助你和他們建立良好關係、培養團隊感情、打造共同願景，並教你如何運用十大守則。

——羅伯特・赫羅馬斯醫學博士

前言　愛因斯坦的老闆

我猜你不知道愛因斯坦的老闆是誰。愛因斯坦赴美工作時期，他的主管名叫亞伯拉罕．弗萊茲，弗萊茲擅長行政管理，但他不是愛因斯坦那種頂級天才，他沒有博士學位，不是物理學家、數學家，也從來沒寫過學術論文，他之前只是一個高中老師。

普林斯頓高等研究院剛成立不久，弗萊茲便延請阿爾伯特．愛因斯坦加入研究團隊，他一加入，新團隊就立刻多了一股信服力。弗萊茲讓愛因斯坦成為普林斯頓高等研究院在一九三〇與四〇年代時期的形象人物。若是沒有弗萊茲，愛因斯坦就不會加入高等研究院，沒有愛因斯坦，高等研究院大概也無法成功。弗萊茲沒有愛因斯坦聰明，他自己也明白這一點；自我認知是和天才相處的關鍵之一，弗萊茲沒有自欺欺人，因此有辦法成功籌組團隊。不久之後，弗萊茲的團隊又多了十幾位傑出的數學家與物理學家，在他的管理下，這群科學菁英組成了一支具有凝聚力的團隊。

在普林斯頓高等研究院的成員中，有三十三位諾貝爾獎得主、三十八位數學界頂尖的菲爾茲獎（Field Medal）得主，還有多位沃爾夫獎（Wolf Prize）與麥克阿瑟獎（MacArthur Prize）得主。弗萊茲網羅到普林斯頓高等研究院的天才，締造了二十世紀最具影響力的諸多科學進展，他們在研究院享有自由發揮創意的空間——但必須有人確保他們拿到薪水、確保研究院冬天有暖氣、有電力，並確保這群背景各異的天才能作為一個團隊合力達成目標，那個人就是亞伯拉罕．弗萊茲，也就是愛因斯坦的老闆。是弗萊茲讓普林斯頓高等研究院成為有史以來最偉大、最具生產力的科學組織之一。

弗萊茲認為員工比硬體設施來得重要，他對團隊成員十分慷慨，高等研究院大部分的資本成了研究員薪水，那是當時數一數二的高薪工作，而且研究員不必教書還能得到高等研究院的終身職，能安心把時間用於科學研究。

弗萊茲為了他聘僱的科學家們甘冒大險。普林斯頓高等研究院創建初期，美國仍處在經濟大恐慌階段，他卻為教職員成立退休基金，他賭經濟會在研究員開始領退休金之前好轉。然而，等到研究員開始支領退休金時，退休基金無法按月給付退休職員，於是弗萊茲四處向慈善家募款幫忙支付退休金。

除此之外，弗萊茲十分有耐心且富有同情心。他組建團隊時，希特勒的勢力正日益壯大，弗萊茲邀請德國物理學家赫爾曼．外爾（Hermann Weyl）加入團隊，外爾當時婉拒了。後來希特勒開始迫害德國猶太人，外爾的妻子是猶太人，他們家的生活也受到牽連，外爾發現自己當初留在德國是錯誤的選擇，此時弗萊茲再度邀請外爾加入高等研究院，外爾便帶著妻子逃離德國來到美國。即使被外爾拒絕過一次，弗萊茲還是在外爾遇到困難時伸出援手。

弗萊茲很清楚每個人都有不同的動機與目標，他為每一位學界菁英量身訂製了不同的招募方針。加入高等研究院的還有創新的經濟學家愛德華．厄爾（Edward Earle），他患有肺結核，沒有任何一間大學願意聘用他，弗萊茲十分欽慕厄爾的才華與個性，不以為意地邀請他加入高等研究院。厄爾花了數年養病，病癒後應邀加入愛因斯坦與外爾所在的團隊，他感激弗萊茲對他的賞識，因此在經濟學領域努力研究與創新，也常在個性暴躁的同仁起衝突時出面當和事佬。弗萊茲在他病重時釋出善意，換得了厄爾的感激與忠誠。

普林斯頓高等研究院草創時期，弗萊茲專注於網羅數學與物理學人才，之後才擴及經濟學與歷史學領域，迄今，高等研究院依然只有四個部門：數學、歷史學、社會科學與自然科學。弗萊茲不求精通每個領域，只期望在特定領域執世界之牛耳。

專精特定領域是創新的重點之一，因為進步往往發生在知識的極限邊陲，而不是已知的中間地帶，耕耘無法帶來創新，鑿井才能讓人類知識進入新境界。曾有一位化學家告訴我，如果想解決棘手的問題，就必須縮小聚焦範圍。

弗萊茲邀請許多名士參訪普林斯頓高等研究院、與研究員互動，並為他們的研究提供意見，他希望能讓終身職的職員與外界人士交流，以免他們失去靈感或變得過於安逸。應邀參訪高等研究院的科學家包括諾貝爾獎得主尼爾斯・波耳（Niels Bohr）、約翰・馮・諾伊曼（John von Neumann）與保羅・狄拉克（Paul Dirac）。

弗萊茲果敢地支持研究員用新方法著手解決老問題，還鼓勵科學家開拓全新的領域，探索該領域尚未被發現的問題。他將物理學家、經濟學家、數學家、歷史學家與考古學家集結在同一個團隊中，讓他們激發彼此的靈感。舉例來說，傑出的物理學家也是團隊終身成員的約翰・馮・諾伊曼，對早期的電腦產生興趣時，弗萊茲並沒有反對一個理論物理學家像電工一樣把玩真空管，而是在辦公室的地下室建了一臺電腦，讓諾伊曼盡情研究。結果，史上第一臺配備記憶體的電腦就此誕生了。

普林斯頓高等研究院成立初期，弗萊茲常與職員討論所有重大決策，尤其是聘僱決策，因為他自己不是科學家，希望團隊能提供寶貴的意見。他時常召開會議，討論計畫的新方向與團隊遭遇的困難，他是個懂得傾聽團隊成員心聲、平易近人的主管。

弗萊茲特地在組織內培養了菁英領導的風氣，決定學術地位的不是社會地位，而是科學成就。他專門僱用學界菁英，不論他們的出身高低，也因此打破了許多社會藩籬。當時，美國各大學充斥著反猶太主義的聲浪，高等研究院卻僱用不少猶太人；當時，普林斯頓大學錄取的猶太學生有明定的限額，教職員的猶太人比例也有不成文規定，弗萊茲卻無視這些規則，也無視性別歧視。在那個年代，幾乎沒有女性可以獲授終身職，他卻聘僱了女性考古學家赫蒂・高德曼（Hetty Goldman）。

弗萊茲破除了成見與社會藩籬，組織了一支菁英團隊，他待人慷慨大方、不顧社會慣例、僱用最聰明的專家，為這群人創造一個沒有侷限的自由環境，讓他們能一展長才。

我在書中列舉的十大守則，和弗萊茲創建與經營高等研究院的方法雷同，這十條管理天才的守則能協助你在領導菁英團隊時，突破遭逢的重重難關。十大守則分別是：

一、找面不會說謊的鏡子

第一章

辨識

天才型員工

弗萊茲是在任教時期學會辨識天才的種種特質。弗萊茲的父親莫里茲（Moritz）是賣帽子的商人，他在一八七三年的經濟恐慌時期丟了生意，從此在經濟與心理層面一蹶不振，無法出錢讓孩子接受教育。弗萊茲的哥哥雅各（Jacob）開了間藥局，後來是雅各幫弗萊茲繳納約翰．霍普金斯大學的學費，弗萊茲在大學時期開始思索一個問題：天生的智力一定要透過教育，才能讓人成為天才嗎？

雖然弗萊茲有意在約翰．霍普金斯大學就讀研究所，他的計畫卻因繳不出學費、也申請不到獎學金而落空，他只能回到家鄉肯塔基州路易維爾市，開始在男子預科學校教書，之後他創立了自己的男子預科學校。之前是哥哥資助他讀大學，現在輪到弗萊茲出錢幫助弟弟西蒙（Simon）接受教育，後來西蒙成了世界知名的病理學家，弗萊茲也資助妹妹瑪莉（Mary）就讀布林茅爾學院。

自己經營預科學校時，弗萊茲發現威嚇和強迫不足以刺激學生學習，再怎麼威脅，學生的智力與學到的知識都不會改變。弗萊茲漸漸改變想法，相信只有給學生自由的空間，讓知識的重要性超脫成績限制，學生才願意為自己學習。

受到這份信念驅使，弗萊茲決定改變經營學校的方式，他的預科學校「沒有規則，沒有考試，沒有紀錄，也沒有成績報告」。學生開始留校自習，甚至連週末也到學校讀書，後來這些學生的大學入學測驗成績印證了弗萊茲的理論。

在弗萊茲的指導下，許多學生申請上常春藤名校。弗萊茲對教育的熱情勢必影響了學生，但成功的關鍵並不是熱情，而是他讓學生自己掌控學習與進展，以及將重點放在學習而非考試的教育方針。

弗萊茲渴望用他的新想法改變教育界，卻為了幫助家人而留在路易維爾，若沒有妻子安妮・克勞佛（Anne Crawford）的幫助，他也許會在路易維爾度過平淡無奇的一生，也不會有現在的普林斯頓高等研究院。安妮參加路易維爾的女性寫作聚會時，聽到愛麗絲・賴斯（Alice Rice）的作品：一名儘管運氣極差卻十分樂觀的寡婦養家餬口的故事。安妮將這本書改寫成名為《衛格斯太太與甘藍田》（*Mrs. Wiggs and the Cabbage Patch*）的舞臺劇，這齣劇在一九〇四年於百老匯公開演出，還翻拍成一系列電影；舞臺劇開演的第一年，安妮賺進一萬五千美元（約四十五萬臺幣），這在當時算是一筆小財富了。

於是，三十九歲的弗萊茲終於能有所作為，著手改變全美大學與研究所的教育體系。他賣掉預科學校，和妻子與女兒珍（Jean）搬到麻薩諸塞州的劍橋市，在哈佛大學修得碩士學位。之後兩年，一家人遊遍歐洲各大學，安妮身為劇作家的名氣與個人魅力為弗萊茲開啟了機會之門，弗萊茲透過妻子認識了歐美一流的作家與思想家。

弗萊茲一家來到柏林，這座城市是當時的科學重鎮，柏林大學的教育品質堪稱頂級，弗萊茲得以旁聽知名科學家授課，他從中整理出聰明人的種種特質，奠定日後事業發展的基礎。他很仰慕德國知名心理學家卡爾・斯圖姆夫（Carl Stumpf），即使是最複雜的課題，在斯圖姆夫的講解下也會變得清楚易懂、引人深思。諾貝爾化學獎得主歐尼斯特・拉塞福（Ernest Rutherford）曾說：「我們應該要用老嫗能理解的方式說明物理法則。」

還有一位柏林大學的教授深深啟發了弗萊茲，社會學家格奧爾格・齊美爾（Georg Simmel）才華過人，他的想法經常跳躍到不同的主題，每個新主題都為弗萊茲開啟了更多可能性。弗萊茲得到一個結論：**當一個聰明人的工作變得與遊戲同樣有趣時，這份工作一定是這個人的天職。**在弗萊茲看來，天才有幾個共同的特質，他們的心思十分複雜且經常在不同主題間漫遊，他們能用淺顯易懂的方式說明複雜的觀念，並開啟待探索的新世界。

成就天才

不少社會科學家與弗萊茲看法一致，認為天才需要正確的教育與足夠刺激的環境才能大放異彩，其中最具代表性的案例就是愛因斯坦。愛因斯坦高中數學不及格，大學差點沒讀完，直到將近三十歲開始在伯恩大學做理論物理學研究，才找到真正引起他興趣、激發智能的事物。

佛羅里達州立大學的心理學家安德斯·艾瑞克森（Anders Ericsson）提出了辨識天才的十年規則，他說：「我們過去認為是天賦的許多特質，其實都是至少投注十年高強度練習的成果。」艾瑞克森認為長期集中、刻意的練習能使潛意識自動利用長期記憶，產生驚人的創意。

我和同領域裡的天才聊到他們的重大發現時，沒有一個人抱怨這些研究工作有多辛苦，每個人都表示他們的工作很好玩、很有趣。作家喬治·沙恰拉巴（George Scialabba）寫過一句格言，常常有人把它誤認為愛因斯坦的名言，他說：「創意，是玩得不亦樂乎的智慧。」我認識的天才都從工作得到樂趣，因此，我認為一個人光是天資聰穎、勤奮努力還不夠，他還必須能享受專注學習與研究某一領域的過程。按照我們已經耳熟能詳的理論，一個人必須在某一領域投入一萬個小時的練習，才能成為該領域的天才。無論那份享受指的是玩樂、興奮或好奇心，我在遇到的每一位天才身上都看過那種閃耀的光彩。

天才不同於一般人

我們一般人很難和天才有效溝通，因為他們的思考方式與眾不同，他們在解決問題時思緒會高度集中，別人很難進入他們的小世界。而且，每個天才的思考模式都不同，

作為天才團隊的領導人，最困難的任務就是讓這些人明白與團隊合作將會更有效率。

大部分的天才除了自己的領域，通常還精通幾個不同領域，他們的智商非常高，所以能理解並從不同領域獲得樂趣。我見識過他們心思靈活地談論各種話題，在不同議題之間找到令人意想不到的連結。

聰明人天生富有好奇心，他們也許會因此沉迷於某些事物，成天沉浸在某個主題

直到他們心中有了明確的解答。天才可以看透事物複雜的表象，看見其他人看不到的真相，他們也喜歡將不同事件天衣無縫地組合在一起，跳脫的思考方式與對其他領域的涉獵，讓他們可以順著脫序的思路解決棘手問題，這當然是好事，但聰明人也可能因為突然萌生的新想法而分心。

大部分的天才都有熱愛的事物，除了精通自己的專長領域，還會努力鑽研自己熱愛的事物。愛因斯坦是莫札特（Mozart）專家，他很喜歡莫札特音樂裡複雜且環環相扣的結構；拿破崙（Napoleon）喜歡下西洋棋；瑪麗・居禮（Marie Curie）則是長途自行車手，常在騎車時反覆琢磨自己在實驗室遇到的問題。

天才看待世界的方式和一般人不同，真正聰明絕頂的人能從超凡的視角看待未解之謎，思考層次也比一般人高。天才能看到我們看不到的問題，質疑我們認定的常態，他們能畫出不同議題之間的新連結，找到新的意義。

天才會打破常規、擾亂現狀，多數人和他們相處都會覺得不自在，這不全是因為很多天才不擅長社交，也是因為他們會挑戰我們的看法與在社會上的地位。簡而言之，天才常常攪亂社會現狀，瓦解我們心中認定的事實，以期讓我們看見更真切的現實。

天才會時時刻刻沉浸在某個議題直到突破盲點，解決問題。他們高度集中心智時，著手處理的問題會化成一個虛幻國度，他們在其中探索真相。專心致志的他們很難理解別人的想法，或從他人的視角看世界。不同觀點的人很難有效溝通，這正是為什麼和天才溝通如此磨人的原因。

天才的思維

想想歷史上著名的天才，無論是何種領域的專家都有幾項共同點：他們的心思會在許多領域與想法之間跳躍，會從很多不同的角度著手處理問題，你很難預測他們跳躍的思緒。

康乃爾大學物理學家亞歷克斯．科爾溫（Alex Corwin）聽過諾貝爾物理學獎得主理察．費曼（Richard Feynman）發表關於他那些大發現的演講，科爾溫告訴我，費曼最卓越的科學新發現都像是無中生有，原本難以預料又艱澀的概念在費曼的解釋下變得簡單明瞭。費曼的發現非常出色，並不是其他人憑空想著就能得到的結論。「費曼看到了別人都沒看到的事。」科爾溫說。

鑽研某一領域的專家首次聽到天才的新發現時，經常會拍著額頭說：「啊，我怎麼沒想到！」但結論就是：除了天才之外沒有人看見事情背後的關聯，新發現只有在經過解說後才變得顯而易見。天才的重大突破往往顯得很巧妙、很簡單，但簡單並不等同於容易看穿。

「任何一個聰明的笨蛋都能把事情想得複雜，」經濟學家恩斯特・舒馬克（Ernst Schumacher）曾說，「要把事情想得簡單，你需要天賦，而且不只是天賦。」

物理學家默里・蓋爾曼（Murray Gell-Mann）曾因為一條公式很巧妙而無視現存的實驗數據，執意發表自己的公式，結果證實是其他人發表的實驗數據有誤，那條公式後來更讓蓋爾曼榮獲諾貝爾物理學獎。

愛因斯坦經常納悶，他推導出的公式究竟是因為真實而顯得巧妙，還是因為巧妙而變得真實，他不希望公式的巧妙與否影響了他對現實的理解。

遇到問題，一般人會回顧過去所學，搜尋類似的問題與經驗，讓過去引導我們解決問題。教育家稱這種典型思路為「啟發法」（heuristic thinking），這種思考模式又快又簡單，大部分時候都有用，但採用這種思考方式的人不會有太大的進展。

相比之下，天才的想法會超脫過去與經歷，他們不受手電筒照出的光圈所侷限，他們有能力想像光圈之外的世界。

德國哥廷根市的一支數學家團隊提出了四維空間的概念，愛因斯坦後來就是利用這種概念說明時間與空間的關係，那群數學家得知此事後感到非常驚訝，沒料到愛因斯坦能用他們的概念推演出他們沒想到的新理論。愛因斯坦在現有的概念下，看見了別人看不見的可能性。

加利福尼亞大學戴維斯分校的教授迪恩．西蒙頓（Dean Simonton）對天才、創意與領導能力很感興趣，他在《科學天才：科學中的心理學》（*Scientific Genius: A Psychology of Science*）一書中寫道：天才往往會從乍看和問題毫無關聯的幾種想法著手，最後發展出全新的解決方法。天才的工作方式就是融合不同想法，讓想法相互碰撞，進而導向新發現與新發明。

天才能看見事情背後的關聯，他們不常採用數字或公式呈現內心的想法，而會用視覺方式展現心中所想。有機化學家弗里德里希．奧古斯特．凱庫勒（F. A. Kekulé）

有一次夢見六條蛇互咬尾巴形成的圓形，一覺醒來便解出了苯環的結構（structure of benzene）。尼古拉．特斯拉（Nikola Tesla）看見太陽下山時相對於地球的轉動，聯想到能讓磁極在引擎內部旋轉，促成交流馬達的初始想法。

有的天才生產力極高，愛迪生（Edison）擁有一千零九十三項專利，還立下每十天做出一件新發明的目標，約翰．塞巴斯蒂安．巴哈（J. S. Bach）每週寫一首清唱套曲，愛因斯坦發表了超過二百四十八篇論文，還發現了相對論。

當然，並不是每個天才的每項發明或發現都能改變世界，他們也可能創造出大量無用的事物，在這麼多新發明與新發現中，最後僅有寥寥幾顆閃耀的鑽石。愛迪生擁有的一千多項專利裡也就那麼一顆燈泡。

辨識天才

了解天才的思維模式，我們才能辨識誰是天才。我們身邊的天才可能非常少，而且他們一開始可能沒沒無聞，你的組織裡或許就有個尚未被發掘的天才，懷有絕頂才智等著被啟發。如果你能找到隱藏在身邊的天才，就能賦予他們更多訓練或新任務，大幅提升團隊整體的生產力。

我們很難在面試部屬時判斷誰是天才，尤其是年紀尚輕、經驗尚淺，還沒有太多成就的天才，但只有網羅到這種萬中選一的部屬，你才能讓團隊從「很好」進展到「卓越」。有天下午，我和六位生物化學家面談，想找出最適合加入我的研究團隊、最適合解決現存問題和未來問題的人選——我企圖篩選出六位候選人中最聰明的那一位。

面試應徵者時，我會下意識地尋找和我相像的人，在這六位科學家當中，和我頻率最近的人名叫傑克（Jack）。傑克畢業於我過去任職的印第安納大學，他的教授我都認識，他們告訴我，傑克比其他同學更早進實驗室，做事比雪橇狗還要認真，而且成績相當出色。

傑克和我有許多共同嗜好，他喜歡夜跑、懸疑小說和大學美式足球賽。他有兩名年幼的女兒，他不聽太太的勸告幾乎要把女兒寵壞了。他笑口常開，聽我講笑話都會很捧場地哈哈大笑。傑克解決問題的方法就是加倍努力，即使面對困境也從不放棄。

我心裡很清楚，傑克的思考模式和我很像，我們都喜歡用邏輯、漸進式、重複性方式思考，和他共事一定能輕鬆自在。如果僱用他，不僅能多一個同事，還能多一位朋友。但是，我們的思維模式不會和天才一樣。

每個團隊都需要傑克這種人，他會一肩挑起別人不想做的瑣事，讓團隊順利運作，也許再過十年，傑克就會站上我現在的位置，成為團隊領導人。傑克和我很像，但這也表示他不是天才。

我另外還和一個名叫吉爾（Jill）的女性面談，聊沒多久，我就發現自己和她合不來。吉爾聽不懂我說的笑話，她不解地盯著我，我只好自己乾傻笑。

我問了再平常不過的面試問題：「妳從以前到現在遇到的最大難題是什麼？能說說妳克服障礙的方法嗎？」

吉爾的回答是三起互不相關的人生經歷，大多是和她個人比較有關的事件，例如車子和放在後車廂的筆記型電腦一起被偷。她對學術研究的興趣不大，因為她覺得大學和研究所很無趣，學業成績也平平，只足以讓她繼續領取獎學金。

在我看來，吉爾這個人沒什麼特點，我之所以約她面談，是因為她的GRE成績近乎完美，而且在研究所攻讀生物化學的她發表了一篇統計學論文。她讀的並不是研究導向的知名大學，而是一間規模不大的天主教大學，她是猶太人，當初選擇那間大學是因為它有出色的中世紀文學課程，她想修習這方面的選修課程。吉爾對哲學與虛擬電玩有熱愛。她為了玩角色扮演遊戲而自行改裝筆記型電腦，我聽到這裡才明白，這就是電腦失竊令她如此困擾的原因。我不得不承認，我理解到這一點時，心中頓時萌生一股成就感，因為這次面試實在太累人了。

吉爾常常話說到一半就停頓，她的表現不算是無禮或不友善，但回答問題經常離題，也常無預警地跳到不同話題。我為了填寫評估表格，只能一次又一次將她導回正題，可是她的回答常常和原本的問題有些許偏離，她只想談對她而言更有趣的話題。

吉爾和我截然不同，和她共事一定會遇到各種問題，即使我這麼不自在、感覺如此尷尬，她也不會察覺。她不遵循我已經習以為常的社會常規。

儘管如此，我知道吉爾比傑克更適合解決團隊遇到的問題，她的思維模式更視覺化、更詩意，她能同時思索好幾件不相關的事，還能看見中世紀詩人與電腦應用程式之間的關聯。

甚至是吉爾專長以外的領域，她的產出也很有效率，每當她對新的主題產生興趣，她就會全然沉浸其中，直到成為那門學問的專家。吉爾有時會一次耗費數小時鑽研某個問題，甚至到了廢寢忘食的地步。

在辨識天才的過程中，你必須睜大眼睛，不要因為他們和你不一樣、令你感到不自在而與他們擦身而過，你也可能因為無法和天才好好溝通而沒有看出他們的潛能。為了辨識天才，我放下不自在或尷尬等成見，也不以我是否跟他投緣來做判斷。

最後，傑克和吉爾都加入了我的團隊，吉爾能幫助傑克解決棘手問題，傑克能幫吉爾完成相對較無趣的工作，讓實驗室的作業順利進行。

我從經驗中學到，在考慮應徵者是不是團隊所需要的天才型員工時，我必須問自己六個問題，這六個問題能幫助我們辨識天才的特殊思維模式。

一、他的思考模式是單一直線，還是多條平行線？電流能在串聯或並聯的電路中流動，同時遊走在好幾條不同的路線。眼前的應徵者能同時思考互相矛盾的多種概念嗎？還是一次只能單一思考一件事？在其他人認為質量與能量毫不相關時，愛因斯坦看見了兩者間的關係；一個人唯有能同時思考多種乍看之下不相干的事物，才能在混沌中找到規則。

二、他是多領域的專才嗎？李奧納多．達文西（Leonardo da Vinci）不僅是史上最有天分的藝術家之一，還是個思想前衛的發明家，早在工程學追上他的想法之前，他就寫下了有關直升機、坦克車、太陽能、計算機與板塊運動的概念。班傑明．富蘭克林（Benjamin Franklin）不但是美國的開國元勛，還是位發明家與科學家，他的研究大大影響了物理學與電學，他更發明了避雷針、雙焦眼鏡、最早的公立圖書館與里程表。除了本行的成就之外，你的應徵者有沒有其他興趣或愛好，能激發他的創造力？愛好音樂的愛因斯坦還是個古典小提琴家，甚至寫了好幾篇關於莫札特的文章。

三、他是否會沉迷於他面對的問題？應徵者會不會為了找到答案或達成目標而廢寢忘食？他遇到挑戰會不會興奮地著手解決，並在過程中得到樂趣？

四、他解決問題的方式是否出人意料卻又簡單有效？應徵者會不會從不同的角度看事情？他能從別人沒想過的角度看待問題嗎？他能否用簡單的方式解說複雜的概念？

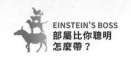

五、他的生產力高嗎？愛迪生申請了大量專利，愛因斯坦發表了數百篇論文，當然，並不是每一篇論文都和他的相對論同樣珍貴，但重點是，他們的腦袋時時刻刻都能產生新想法。

六、他在乎工作成果的精確性嗎？我無法全然了解天才的工作，所以無法判斷成果夠不夠精確，但我能看出一個人是否「在乎」自己的工作與精確性。天才型員工往往不能接受馬虎的成果，卻經常忘記繳電費之類的繁瑣事務。

面試時，我採用這些問題篩選出應徵者中的天才型員工，建議你在聘僱新人或評估團隊成員時，也可以運用這六道問題物色傑出人選。我必須強調，天才型員工並不多見，能網羅到他並幫助他融入團隊，你就已經朝成功邁進了一大步，你的團隊未來或許能達成別人想都沒想過的成就。

找到天才加入你的團隊後，下一道功課就是學會有效率地和他們共事。你可能會認為，和聰明人工作只會減輕領導問題，有什麼可操心的？天才可以看得更遠，用更簡單的方法突破盲點，不是嗎？但是，採用一般的管理策略帶領天才型員工只會招致反效果，你必須另謀他法。下一章，我們會探討管理天才的種種挑戰，教你如何建立一支完善且生產力高強的團隊。

第二章

徒有

天才型員工還不夠

你無法直接對著天才型員工許願說：「去發明東西賺大錢。」然後美夢便成真。通往新發明的並不是單一路徑，這也是為什麼天才型員工需要有人領導，但領導人也無法指定天才型員工發明出什麼，新發現與新發明是水到渠成的自然產物。

有時候，不屈不撓地鑽研能導向重大突破。威廉・肖克利（William Shockley）在貝爾實驗室（Bell Labs）工作十多年，目標就是製作能取代真空管的電晶體，他已經發展出相關理論，卻一直無法做出可用的產品。肖克利請沃爾特・布拉頓（Walter Brattain）與約翰・巴丁（John Bardeen）負責工程與開發，經過兩年努力才終於成功做出第一個電晶體，這項發明造就了現今的筆記型電腦與智慧型手機。歷經十二年的不懈，肖克利、布拉頓與巴丁在一九五六年獲得諾貝爾物理學獎。

有時候，則是機運造就了新發現。珀西・斯賓塞（Percy Spencer）在雷神公司（Raytheon）為美國國防部研究雷達時，湊巧地發現站在雷達設備前，他口袋裡的巧克力會融化。換作是別人，不見得會注意到融化的巧克力，但斯賓塞立刻意識到當中的意義，這項觀察引領他在日後發明了微波爐。

領導人能為新發明找到應用的途徑，成為天才型員工的助力。很少人知道，微波爐的發明者並不只有珀西．斯賓塞一人，另外還有他的老闆勞倫斯．馬歇爾（Laurence Marshall）。馬歇爾帶領雷神公司挺過第二次世界大戰，他知道戰爭結束時，公司的主要營收來源——國防部——將大幅減少開銷，經濟環境正在變動，只有仰賴科技才能讓他的公司存活下去。雷神迫切需要新的收入來源。

雷神公司的未來發展成了公司內部熱議的話題，斯賓塞提出將微波用於加熱食物的點子，另外還有許多五花八門的提議，雷神公司的工程師都知道公司的未來岌岌可危，每個人都希望發明出可以商業量產的科技產品。

儘管各方施壓，希望馬歇爾朝不同方向發展，但在包括用微波烘乾墨水或烘乾菸草以加速香菸製程等種種選項中，馬歇爾最後選擇了加熱食物的微波爐。

雷神公司在當時已經沒有嘗試第二次的經費，於是馬歇爾放手一搏，事實證明他做了正確的選擇，他不僅挽救了雷神公司，還開創了全新的產業。斯賓塞發現微波的事蹟傳遍了工程界，卻沒人記得是馬歇爾決定了微波的應用方向，**這個故事告訴我們，徒有天才型員工不足以成大事，領導人與大方向的遠見也同等重要。**

不能止步於科技優勢

即使是在科技與技術上占盡優勢的公司，都還是有可能失敗。我們現在都用「谷歌」（Google）一詞泛指網路搜尋，而我年輕時，「柯達」（Kodak）則是相片的代名詞。但柯達公司沒能快速從底片與傳統相片轉型到數位攝影，最後以破產收場。柯達為什麼會失敗？當時，公司內部的創新派認為數位化總有一天會摧毀底片的銷路，柯達發明了數位攝影，大部分營收卻是來自底片的相關業務，在公司高層眼裡，內部的天才發明家威脅到公司的主要營收來源。此外，柯達明明掌握了許多發展數位攝影所需要的專利，卻允許競爭對手使用那些發明。

柯達當時的執行長名叫喬治・費雪（George Fisher），諷刺的是，費雪其實是知名的科技專家。在一九八〇年代晚期，柯達的中階主管發現數位革命已迫在眉睫，高層主管卻無視他們的勸告，眼裡只有公司當時現有的利潤。相較之下，雷神公司與柯達對創新的態度截然相反，雷神公司不但洞悉新科技的潛力，還全力開發相關技術。

未能擁抱科技進步的不只柯達公司，過去數百年來，瑞士鐘錶師傅一直是鐘錶產業的龍頭，瑞士出品的軸承、齒輪與主發條皆屬一流。到了一九六七年，電子鐘錶中心（Centre Electronique Horloger, CEH）發明了石英電子錶，當瑞士研究者向瑞士鐘錶製造商發表他們的新發明時，瑞士境內竟沒有一家鐘錶行願意接受這種新型手錶。瑞士的鐘錶業者沒留意到時代與世界的變遷，結果研究者在同年的世界鐘錶大會（World Watch Congress）展示新產品，馬上有日本與美國的公司取得新型手錶的製造與販售權，開拓了全新的巨型市場。

柯達與瑞士鐘錶業的領導人是從商人與經營者的角度看事情，而沒有站在消費者的立場看待新產品。消費者當然希望能用巴掌大小的相機拍多達一千張的相片、即時檢視並修改相片，或是刪除不喜歡的相片；同理，一只不須上發條且永遠準確報時的手錶，對消費者而言十分有吸引力。柯達高層不願放棄傳統攝影的利潤，情有可原；瑞士鐘錶業者則是習慣了數百年來處於世界頂尖的地位，一九六八年，他們在世界鐘錶市場占有六五％，是「成功」蒙蔽了他們的雙眼，以致未能察覺傳統的機械錶即將轉型為電子錶。當時的柯達或瑞士若有深具膽識的領導者，咬牙放棄市場占有率高的高利潤生產線，也許就能帶領公司轉型、成長，保住數千人的飯碗。

為什麼要用不同方式管理天才型員工？

管理天才型員工之所以困難，是因為他們知道自己很聰明。旁人也許會將這份自信視為傲慢，但大多時候這不過是天才的自我認知，「聰明」就是天才對自己的定義。

你很難叫天才守規矩，畢竟他們從小就無視傳統，思想突破邏輯與固有概念的限制，才能達到今日的成就，他們不認為脫序行為或不符合團體精神的行為有什麼問題。絕頂聰明的員工也許會不顧公司的內部程序，用自己的方法解決問題，他們認為自己比你更了解團隊任務，比起聽領導人的話，他們更在乎如何完成工作。如此一來，領導人與團隊成員的關係便錯亂了，大多數人以團隊領導人為工作重心，天才卻比較關心他們自己在團隊中的貢獻與價值。

簡而言之，天才不喜歡被管理，他們知道自己在公司的分量，也知道自己的價值可能高過你在公司的價值。大部分的天才不在乎職稱或升遷，他們的工作動機較為複雜。每個人有自己的工作動機，而且很多天才都有一群想法相近的朋友，這些朋友遍布世界各地，但天才型員工能隨時透過網路跟他們取得聯繫。你的虛應故事糊弄不了天才，他們也不會接受任何藉口。

天才型員工內心深處可能住著毒舌評論家，他們對自己的批判比你嚴厲多了，但這不代表你也要時常批評他們的工作表現，因為你沒有他們聰明，你的評論在他們眼裡毫無正當性。團隊中的天才型員工也許不認為你的工作有任何重要性，他們也許從不認可你的辛勞、從不感謝你。聽我這麼說，你大概就能明白管理天才型部屬有多麼棘手了。

我在管理由聰明人組成的大型組織時學到一件事：團隊中有許多人認為，如果由他們來做我的工作，他們能表現得更好。如果我的工作只和他們的專案或擅長領域有關，那我無法反駁，他們的確能做得比我好，但領導人的工作遠不只這些：**你必須看見點與點之間的連結，把它們組成精細卻又完整的成品。領導人必須把眼界提高到團隊整體，以整體為基準來做決策，部屬則是負責各自的工作。**帶領一般部屬，領導人能透過指令將各部分拼組成整體，但這樣的做法用在天才部屬身上行不通，聰明、有創意的部屬有時會做一些對細部計畫有幫助的事，這些行為乍看之下沒有壞處，卻可能對公司整體有害。領導人的工作，必須包含對團隊成員說明決策對於整體團隊的影響，如果領導人可以建立良好的團隊向心力，聰明部屬也會接受他制定的決策，讓整個團隊朝更好的方向發展。

天才型員工的工作動力和一般員工不同，管理一般員工時，你面對的挑戰可能是如何鼓勵他們去做較無趣或不喜歡的工作，然而，在處處可見超級天才的科技領域，你面對的難題是如何讓他們為公司整體的利益努力，而不是著重在個人的事業或興趣。你必須說服他們考量到他人，視團隊的成功為自己的成功。

營造一個鼓勵創意的環境

我管理的天才科學家之中，有不少人認為他們不需要我，有些人甚至嫌我的管理模式太無趣，在他們眼中，我這個人思考太慢、要求太多、想法也沒創意。**管理天才型部屬的一大挑戰，是讓他們認知到他們需要一個不是天才的人來幫助他們成功。**在我看來，「無趣」的管理模式再好不過，這代表我成功創造了良好的環境，團隊裡的天才只須專心做分內的工作，不必浪費時間思考經營團隊的問題。

天資聰穎的工程師、科學家與富有創意的人，都有不同於一般人的需求。管理天才型部屬時，**你得先屏棄傳統的領導方法，成為一個提供數據、支援團隊與負責辦瑣事的**

領導人，別強硬地指示天才型員工如何辦事。你可以把問題擺在他們眼前，提供所有已知的資料與資源，但不能告訴他們如何解決問題，否則只會妨礙他們的創意，讓他們無法找到全新的解答。身為天才的領導人，你必須採用迂迴的管理方式，引導他們找到對自己來說最好的方向，而不是指示他們採取特定做法——這聽起來很簡單，執行起來卻非常困難。管理天才型部屬時，你不能下指導棋，只能將選項擺在他們面前。

雖然給聰明部屬明確指示比讓他們自由選擇來得容易，但如此一來等同設立界線，侷限了部屬用有創意的方法解決複雜的問題。反過來說，你如果管得太鬆，讓天才自己尋找工作目標，那你也沒有善盡職責，因為你的工作就是幫助部屬移除障礙並確保他們朝目標前進。**找到自由空間與集中創意的平衡點，是管理天才最困難的挑戰之一**：令天才分心的事物有時值得花時間探索，斯賓塞與微波就是一個典型案例，也有些時候分心就只是分心，會浪費掉所有人的時間，領導人必須權衡得失，判斷分散團隊伙伴注意力的事物是否比原本的目標更值得探究。領導天才型團隊時，你得成為非典型的領導人，在不強求方法——甚至是目標——的情況下，支援團隊成員尋找解決問題的方法。

別放大自己的工作對於任務成敗的影響，你必須明白一件事：領導天才型員工最主要的工作就是塑造一個幫助他們成功的環境，你只能控制間接影響到任務目標與成敗的事物。換言之，聰明部屬的領導人並不會引發化學反應，你只是盛裝反應物的坩堝。

你可以掌控團隊組織、團隊人數以及團隊任務的重點，但團隊的成功終究源自於成員的創意，而天才型員工的工作環境能否激發創意，將會大大影響工作成果。每個團隊都可能走運一、兩次，但如果長期而言無法不斷產出新成果，就代表領導人不懂得如何跟天才型員工共事。

天才管理天才效果不彰

如果你納悶自己是否有管理天才的能力，在此提醒你，一般而言，聰明人無法成為好的領導人，蓋茲和馬斯克是少數例外。**天才管理天才團隊時，效果往往不彰，因為聰明的領導人喜歡仰賴自己的才智，比較少考慮其他因素，甚至連數據資料也很難左右他們的決策。**此外，天才傾向於無視超出認知範圍的事物，這也有礙他們做決策的能力，相形之下，非天才型的領導人更有辦法看到問題以外的全面局勢，周全團隊大局。

聰明部屬愈是深入探索某個問題，心思愈是沉浸其中，他們就愈難抽離、看見問題之外的事物，反倒是一般人比較能找到當中的平衡，看見整體計畫與團隊的需求。你身為領導人，也許不知道如何解決問題，但你知道解決問題對每個人的影響與意義——**你之所以能管理天才，正是因為你不是天才。**

由天才主導任務時，他們會給每個團隊成員指派任務，因為他們深信自己懂的比其他人多，會忍不住制定明確的規範，畫出心目中最理想的前進路線。他們認為必須清楚界定每個人的任務，否則任務只會以失敗收場，而且他們相信自己的判斷不會出錯。

帶領貝爾實驗室研發電晶體的威廉・肖克利（William Shockley）在管理其他天才科學家與工程師時，也遇上不少問題，他在一九五六年和約翰・巴丁（John Bardeen）與沃爾特・布拉頓（Walter Brattain）一起榮獲諾貝爾獎之後，自己創立了肖克利半導體實驗室，僱用了六十個天才型員工……接著，他剝奪了這些天才型員工的自由。

肖克利以專橫方式管理公司，他從不說明決策背後的理由，要求員工向他彙報，卻屢屢無視他們的報告。有一次，他把自己寫的一篇論文拿給較資淺的科學家，要他們以他們個人的名義發表論文，等於是在暗示這些人無法靠自己做出同等級的研究。

新公司成立未久，包括勞伯・諾伊斯（Bob Noyce）與高登・摩爾（Gordon

Moore）等八名天才員工離開了肖克利半導體實驗室，在一九五七年自行成立了快捷半導體公司。

離開肖克利半導體實驗室的八名工程師，後來創立了史上最知名的幾間電腦公司，其中包括英特爾（Intel）、超微半導體（Advanced Micro Devices）與美國國家半導體（National Semiconductor），肖克利當初如果收斂一些，行為舉止不那麼傲慢，員工或許就不會離開他，我現在這臺筆電用的就不會是英特爾晶片，而是肖克利半導體出品的晶片了。

由天才帶領天才團隊，領導人可能會以自我為中心做決策，但好的領導人應該時時把組織整體納入考量，以組織作為決策的重心。天才有時候就是缺乏後退一步綜觀全局的能力，他們驚人的專注力迫使他們著眼在單一問題，導致他們認為自己的計畫比別人的來得有價值。

天才或許能列出許多聰明且有創意的理由，說明自己的計畫為何出類拔萃，但如果將同樣的理由套用在其他計畫上，或許會得到不同的結論，採取不同措施。天才領導人要是無法公平考慮每一項計畫，就會在無意識的情況下偏袒某一方。

另外，天才無法公平公正地評估自己的工作成果，他們是負責破解問題的主角，問題在他們眼中會被無限放大，導致投入過多資源處理單一問題；他們無法在早期認清這項計畫缺少發展性，毅然將資源轉投入其他計畫。**面對眾多不同的想法，天才傾向於看重自己感興趣的點子，而將其他點子棄如敝屣——問題是，決定商品是否能一舉成功的不是天才，而是消費者大眾，而大眾就是沒有天才聰明。**

自尊心管理

帶領聰明部屬的一大麻煩，就是要兼顧他們的自尊心。極度聰明的人有時候會太過自信與自我中心，誤判了自己在非專業領域的能力，而身為領導人，你必須在不傷害他們自尊心的情況下，幫助他們找到自信與自大之間的平衡點。相信自己能完成任務是一回事，狂妄自大又是另一回事。

大多數商業領袖會蒐集數據、做決策，然後付諸實行。「我是決策者。」是喬治．布希（George Bush）的名言，贊同這句話的企業執行長不勝枚舉，但是當你的團隊中多是天才型員工時，這樣的領導態度具有一定的風險，你沒有說服他們，沒有讓他們看見你的理想與目標，逕自要求他們遵照你的意願會讓他們覺得受傷；如果你擅自替天才做決定，可能會導致他們的心思與腦袋偏離計畫。**讓聰明部屬改變前進方向最好的方法，就是讓他們自行找到改變的理由，而不是將你的意願強加在他們身上。提供數據資料，讓他們自己得到結論，是在決策過程中不傷害他們自尊心的好方法。**

你也可以讓聰明部屬身邊都是聰明人，在這樣的環境裡，他們互相建立關係與情誼，也比較不容易淪為狂妄自大。

一名航太工程產業的領導人告訴我，當他的團隊開始自我感覺良好、安於現狀時，他邀請了幾位世界知名的工程師來評估團隊工作成果。他說：「工程師很快就看穿我們研究中的缺失，如果你的研究不夠格，你的麻煩就大了。」如先前所提，弗萊茲邀請了許多知名科學家參訪普林斯頓高等研究院，讓他們激勵團隊成員產生新想法，也確保員工的自我不會過度膨脹。

團隊凝聚力vs.個人創意

管理聰明部屬的難處不只這些，你還必須找到團隊凝聚力與個人創意的平衡點。執行計畫時，團隊唯有團結一氣才能達成目標，沒有多餘空間讓團隊成員分散注意力。在領導聰明團隊時，你必須在引導每個人朝目標前進的同時，鼓勵他們發揮創意，突破並創新。如果你注重團隊凝聚力，可能會採取「由上而下」的管理策略，指派工作給每個團隊成員，但如果團隊裡有天才型員工的話，這招就行不通了，他可能會對分配到的工作有異議，想法也會因此受到侷限。

團結與創新都十分重要，領導人不能偏重任一邊。成立肖克利半導體實驗室之後，肖克利將創新擺在第一順位，忽視了團隊凝聚力的重要性。有一次，肖克利在公司裡發起祕密專案，只邀請少數人參與，這群人覺得自己是菁英中的菁英，他們獲得更多資源，也得以發揮創意，但祕密團隊之外的公司員工覺得自己不受重視，失去了完成原本工作的動力。肖克利在成立享有特權的小圈圈時，同時催毀了原團隊的凝聚力，許多員工便是因此離開公司。

機長與乘客的平衡

聰明部屬的領導人不能光扮演機長的角色，逕自做決定，對其他人下指令；然而，領導人也不能當個普通乘客，允許聰明部屬隨心所欲地駕駛飛機。當你是愛因斯坦的老闆時，你必須找到兩者的平衡點。

管理愛因斯坦，就像腳踩在金字塔頂部的天秤兩邊，一端是讓團隊自由選擇計畫方向，如果你是站在這一端的領導人，就如同是飛機上的乘客。

如果你是站在金字塔的另一端，就如同掌控飛行方向與資源分配的最終決策者，也就是機長。這樣的領導人會扼殺聰明部屬的創意，在這種主管底下工作的聰明部屬會變得消極（見圖 2.1）。

機長偏重團隊公平性、共同目標與團隊凝聚力，比較不重視個人與創新；反之，如果領導人是乘客，令團隊成員分心的事物會導致目標無法達成。聰明部屬的領導人無論是過度偏重哪一端，都只會拖垮團隊的生產力。

唯有找到兩種極端領導模式的平衡點，才能使聰明團隊拿出最佳表現。維持平衡

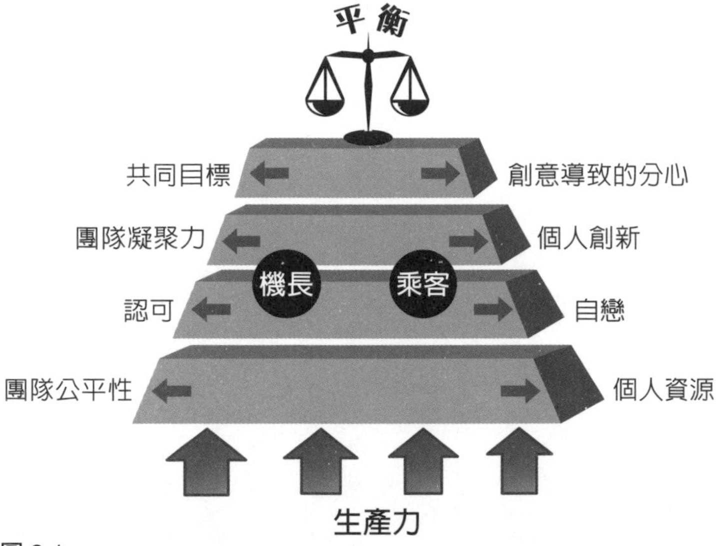

圖 2.1

不代表你不能將重量放在天秤的任一邊，而是必須將重量平均分配給機長與乘客兩邊，在保持團隊和諧與團結的同時鼓勵個人創新。腳踩天秤的兩端，團隊才能達到最高產出，領導人才有足夠的彈性——**一個好的領導人是機長，同時也是乘客，在引導員工朝共同目標前進的同時，鼓勵每個人盡情發揮創意。**

要是你察覺自己無法維持平衡，我的十大守則就派上用場了。請把管理聰明部屬的十大守則當作藍圖，創造一個有利於創新、生產與成功的環境，讓聰明人組成一個團結的團隊，揮灑創意。

十大守則概述

你可能認為幾條守則乍看之下似是基本常識，但後續章節會討論到，有時候一個簡單的錯誤就有可能摧毀一個組織。這些管理原則不只適用於天才型員工，畢竟只有極少人是時時刻刻都能改變世界的天才，**只要你管理的人比你聰明或比你專精這個領域，十大守則就能派上用場**。就算有的部屬只是一瞬間的爆發，促成了變革與進步，同樣也適用十大守則。身為領導人，你理所當然會想仰賴過去表現卓越的人才，但一名員工在對的時間來到對的地點，也可能在那一刻大放異彩，你得學習賞識他的才華，才不會與他失之交臂。

你必須遵行這些守則成為習慣，它們將形塑你的團隊，改變團隊的個性與風氣。如果能讓十大守則成為自然而然的習慣，你就能使聰明團隊長期維持生產力與專注力，即使面對困境也不會退縮。

在某些情急的關頭，要謹守十條守則也許不容易，但這正是你需要堅持的時刻；當情況變得複雜，壓力高漲，奉行十條守則的難度會不可避免地提高。過去，我也曾偏離十條守則，這才發現每條守則都是以其他守則為基礎，一旦你無法落實其中一條，就會引發骨牌效應。有違自己訂下的守則時，我費心經營的和諧氛圍跟著瓦解，朝目標邁進的腳步也愈來愈緩慢。所幸十大守則能修正我所造成的困境，就算一時走岔了路，只要回歸它們的懷抱，團隊還是可以重回正軌。

接下來，我將列出與聰明部屬共事的十大守則與概要。本書會用一個章節的篇幅探討一條守則，除了說明它們的應用方式，還會提醒你可能遇到的障礙，以及如何克服障礙。希望你能從閱讀本書學到帶領聰明部屬的方法。

管理天才的十大守則

一、找面不會說謊的鏡子

領導聰明團隊的第一條守則，就是徹底接受自己不是天才的事實，而且要知道，你管理的聰明部屬都十分了解你的能耐。認清自己的不足可能會覺得難堪，自欺欺人會讓你心裡比較好受，無可避免地大多數人都會竭力捍衛自尊，當身邊缺少一面誠實的鏡子，我們很難自我評判。你需要一個信得過又公正的人給你意見，將你的真實面貌回饋給你。

為了成功帶領聰明團隊，你要不留情面地自我審視，若是自我欺騙，你就無法在領導人的位子上繼續成長；如果無法精準地評判自己的領導能力，在必要時修正錯誤，最後就會淪為無能的領導人，拖垮整個團隊。好的領袖會務實地審視自己的領導能力，而真正傑出的領袖會依據自身的觀察來修正自己的行為。

二、別成為聰明部屬的絆腳石

擋在天才面前的最大障礙，通常都是領導人。如果你妨礙他們工作，他們會迎頭撞上來把你撞飛——所以，別成為聰明部屬的絆腳石。大多數領導人都認為自己唯有處於核心位置才能主導事情的進展，但過度介入只會侷限天才發揮創意，拖慢解決問題的過程。只有當領導人認真評估自己的能力，認清自己在團隊中該擔當的角色，才有辦法站到不成為絆腳石的位置。

三、安靜，傾聽部屬說話

天才的領導人常常話太多，而沒有好好聆聽部屬表達意見。有一群聰明人聽你說話確實讓人很有成就感，但是你話說得愈多，領導的效果就愈差。安靜，傾聽部屬說話，就是不妨礙部屬辦事的好方法。領導人仔細傾聽團隊成員表述意見，才能讓天才成為團隊的創意引擎，強化團隊整體的生產力，第五章將會深入說明「創意聆聽」的概念，這是幫助領導人和天才有效溝通的最佳方法，能鼓勵天才型員工自行主導專案。**傾聽天才的意見就等於認可他們的聰明才智，建立天才和團隊的連結。**

四、透明化領導

每個人做事都有不為人知的私心，比起團隊利益，我們更關注自己的利益；私心就像是躲在花園石塊底下的雞母蟲，會利用種種手段隱藏起來，領導人唯有翻開石塊讓所有蟲子一目了然，才能取得部屬的信任。換句話說，無論你的想法有多難以啟齒，你的所作所為一定要和心裡的想法一致。管理一般部屬，你也許不必敞開心扉，但是面對聰明絕頂的部屬，你就必須開誠布公，因為就算你自認隱藏得再好，聰明部屬還是能看穿你的偽裝。一旦你在他們心中留下「虛偽」的印象，就很難再讓他們把你的話當真，也別妄想得到他們的信任。

帶領天才團隊，一個好的領導人會說明每一個決策背後的理由，要正式下定論前也會和團隊討論，傾聽其他人提供的意見、評估是否修正自己的決定。你應該在別人要求你拿出參考數據與說明決策理由前，先行用數據佐證自己的決定，如果等到聰明部屬主動要求，你可能已經失去他們的信任了。

五、煉金術比化學更管用

現今的科學與科技有如一種團隊競賽，比起高爾夫球更像是美式足球，待解決的問題大到必須有多種天才組成的團隊才能勝任。團隊中每個聰明部屬都負責解決問題的一部分，每個人扮演的角色都至為關鍵，成員的專長如果能互補，每項工作都有個優秀人才負責包辦，整個團隊的工作成果就會像可預測的化學反應，輸入等於輸出。然而，這樣的方式還不足以打造一支高效產能的團隊——最優秀的天才團隊中，成員之間存在著非線性關係，上下階級的劃分不明顯，成員以難以預測的方式互動。

團隊成員的個性和他們的專長、智力同等重要，將這群個性迥異的天才混合組成非線性團隊就有如煉金術一般，你多少得了解他們的心理及才能。你的目標不是讓輸入等於輸出，而是讓團隊成員互相碰撞、擦出火花，將鉛轉變成黃金，讓輸出大於輸入。

用化學反應的方式帶領團隊，是召募優秀人才來填補團隊的專業空缺，而真正的煉金術師不只著眼於團隊需要的專才，還有能力組織非線性團隊，讓無心的碰撞產生驚人的創意。

六、你的過去不等於未來的真理

不管我們怎麼看待自己的「決策過程」，多數人做決定都不免仰賴經驗與直覺，而不是客觀的數據資料，而我們也就讓這種決策方式矇騙了自己。基於情感因素，我們會讓某些特定記憶變得更具分量，潛意識會停留在上次的正面或負面經驗。如果你曾經失去某個你重視的團隊成員或資源，大腦為了避免再度失去的風險，會選擇自欺欺人。

做決策時如果沒有理性地檢視自己的意圖，大腦就會傾向於自動避開合理的風險，侷限了團隊的創新空間。好的領導人會依據客觀數據來做決定，優秀的領導人會放下偏見與成見，分析可靠的數據，將分析結果納入決策的考量。基於偏見或經驗所做的決策，無法讓聰明部屬信服，他們只會接受你基於客觀和理性所做的決定。

七、心無旁騖

很多天才都有如拉布拉多犬，可以專注地啃骨頭，但要是身旁有松鼠出沒，他們就會拋下骨頭不顧一切地去追趕松鼠。天才型員工隨時都可能有靈光一閃的點子，接下來他們就會全然沉浸在新點子當中，棄原本的任務於不顧。大多數領導人都會竭力專注於核心任務，這樣的領導人如果遇上喜歡追逐新點子的聰明部屬，很容易被逼瘋。天才靈光一閃的新點子，有可能與核心任務無關或不切實際，但有時候也可能價值連城。他們沒有時間與精力深究每一個點子，優秀的領導人必須有判斷的智慧，認清哪隻松鼠才有追趕的價值。領導人如果有眼光看出哪些偏離的分支值得深究，天才團隊的價值就會大幅提升。

八、達到心與腦的和諧

一般人會把天才的大腦看成電腦，認為他們沒有太多七情六慾，只要輸入資料就能獲得我們想要的產出。事實上，大多數天才都只在自己鍾愛的領域上達成劃時代的成就。他們和一般人沒有兩樣，都會受心緒左右，即使是世上最聰明的腦袋也會受情緒箝制。

有時候，天才的心無法與腦同步，他們的超群智力受到情緒限制，就算每天準時上班，也無法全心投入工作。工作上的重大突破不會憑空產生，天才必須心腦並用，必須打從心底認真看待工作上遇到的挑戰。如果你希望天才型員工發揮潛能，就必須營造一個溫暖、有利於他們工作的環境，讓他們在當中感覺到安全感，**讓他們知道自己對你、對整個團隊而言很重要，而這份價值不只來自他們的工作，更源自於他們本身。**

唯有天才的心與腦達到和諧，他們才能全心全力處理複雜的任務。聰明部屬的複雜情緒有礙他們的創新能力與工作表現，在承受過多壓力時巧思很難自由揮灑，領導人必須協助他們鬆開心上的束縛，他們的腦才能用於創造新事物。

九、讓願者上鉤

逕自要求天才改變工作方向，通常都會徒勞無功，他們過於專注解決問題，以致於很難朝著你期望的方向走。如果你強硬地下指令，只會招致更大的反彈，而你也無法像持著鞭一樣在後頭驅趕，他們的耐力比你想像的強韌許多。

好的領導人會把天才型員工朝目標推一把，優秀的領導人能讓他們心甘情願朝著目標邁進，**但最高竿的領導人會用引人入勝的方式呈現問題，激發聰明部屬的興趣，讓他們自動自發為目標拼盡全力。**如果你有本事讓聰明部屬愛上一個有待解決的挑戰，他們就會有源源不絕的前進動力。

十、接受危機

管理聰明團隊，你會經常遇到危機，因為天才原本就習於處在混亂無序的環境中。領導人必須趁早培養與危機共處的心態，往後工作上的危機只會前仆後繼地出現，就算心生排拆也於事無補。

想成為稱職的天才領導人，你就得先領導自己，如果每次遇到危機都要崩潰一次，只會分散團隊成員的心思，他們愈分心就愈沒辦法發揮創意。當你的言行舉止反應出內在的自信，就等於昭告團隊成員你能駕馭這場風暴，你的沉穩能引導天才專注於眼前任務。好的領導人面對危機能保持冷靜，而優秀的領導人會進一步找到危機的源頭，排除困難。

第三章

守則1

找面不會說謊的鏡子

每個人內心深處都可能有個聲音：我是個聰明人。但領導天才的第一步，就是要承認自己沒有天才聰明，而且在你底下工作的天才型員工會看穿這一點。認清自己智不如人是一件殘酷的事，你的潛意識可能會想欺騙自己讓心裡好過一些，如果你覺得自己的才智並沒有比天才型員工遜色，那你有可能已經落入自我欺騙的陷阱。

如果你不正視自己，就無法從根本改變你的領導方式，無法扭轉部屬對於你言行的觀感，進而有可能抑制他們的創意、阻礙創新。唯有毫不留情地自我審視，才能幫助你跳脫自我欺騙的陷阱。

弗萊茲剛開始在普林斯頓高等研究院工作時，他很樂意傾聽別人對他的批評，也主動邀請幾位天才型員工提供意見、廣納建言，其中一位天才是後來成為美國最高法院大法官的費利克斯．弗蘭克福特（Felix Frankfurter）。弗蘭克福特認為高等研究院不該納入數學研究，在他看來，數學無法促成有實用價值的進步。

弗萊茲並沒有因為批評而退縮，反而仔細評估了弗蘭克福特的意見。最後，他做了正確的選擇，照原訂計畫成立高等研究院的數學部門，不過弗蘭克福特的每一句批評都促使他更加深思熟慮自己的決策，確保自己的想法沒有疏漏。

弗蘭克福特加入高等研究院的理事會之後，成了弗萊茲可以討論各種想法的好對象。但弗萊茲在後來經費短缺而無法公平支薪的事件中，沒有如以往採納弗蘭克福特的建言，還迫使他離開高等研究院的理事會。弗萊茲當時如果能認清局勢，就會承認自己犯了錯，加速解決問題，而不是大張旗鼓地浪費政治資本（political capital）[1]逼迫弗蘭克福特離開。

領導聰明部屬的第一條守則看起來不難，但成長與進步必須建立在認清真實的自我之上，而我們的真實面貌都很可能不是天才。就像運動員會預先擬定訓練計畫，領導人也該比照訂定自我審視與評量的計畫。需要閱讀本書的不是愛因斯坦，而是弗萊茲。

愛因斯坦與核彈

科學史上最著名的自我審視與修正案例，非愛因斯坦反對核武的聲明莫屬了。

註1：指透過人際關係、信譽、親善與影響力累積的資源與權勢。

一九三九年，愛因斯坦的朋友——匈牙利物理學家利奧．西拉德（Leo Szilard）——注意到，德國不再外銷從捷克礦場採得的鈾礦，表示他們已經知道鈾能用來產生連鎖核反應，製作武器。

西拉德寫信給美國當時的羅斯福（Roosevelt）總統，警告他德國已經著手製造原子彈的實驗，有可能成功發明危險的大規模毀滅性武器，美國也該加緊腳步生產核武，愛因斯坦也在信中署名。為避免這封信消失在國務院的官僚體制中，西拉德請他的朋友亞歷山大．薩克斯（Alexander Sachs）——經濟學家與羅斯福的顧問——親自將信件送到總統手上。

羅斯福讀了這封信之後，召集一群科學與軍事領袖，要他們研究製造核武的可行性，後來演變成新墨西哥州洛斯阿拉莫斯的「曼哈頓計畫」（Manhattan Project），造就了人類史上的第一顆原子彈。

在洛斯阿拉莫斯進行研究的科學家，必須想辦法從鈾礦中分離出可產生核反應的鈾-235。曼哈頓計畫的主導人之一萬尼瓦爾．布希（Vannevar Bush）私下拜訪愛因斯坦，在沒有洩露計畫機密的情況下向愛因斯坦尋求協助，愛因斯坦很可能提供了建議，幫助曼哈頓計畫團隊濃縮可產生核反應的鈾。

在美國於日本投下第一與第二顆原子彈後，愛因斯坦對軍方殘殺一般民眾的行為感到震驚不已，他十分懊悔當初簽署了給羅斯福總統的那封信，因為在美國完成製造原子彈時，德國已經戰敗投降。他公開反對美國研發破壞力更強的氫彈。

愛因斯坦認為核武科技應該交由科學家組成的國際委員會管控，只限定用於發電等比較無害的用途，他直到去世前幾年都在宣揚和平、反對核武。

回顧這一切，愛因斯坦表示他從沒想過有人真的能製造出核武，他除了簽署給總統的那封信之外，與核武的研發工作毫無關係。就連愛因斯坦也沒能誠實正視自己的行為，他選擇性地輕忽自己為核武背書的影響力，刻意不提自己和西拉德關於分離武器及核料的書信往來，他的自我評估與史實並不相符。

成功會使自我評估難上加難

在失敗後誠實評估自我表現並不難，困難的是在成功後進行自我評量，就連愛因斯坦這樣的天才也會在回顧往事時避重就輕。成功會使我們的自信過度膨脹，以致於看不見自己的缺點與弱點，甚至於甘冒平常不會冒的險。

我們可以拿長期資本管理公司（Long-Term Capital Management）的案例，來探討成功對於自我評估的影響。曾任所羅門兄弟銀行（Salomon Brothers）副董事長的約翰・梅里維瑟（John Meriwether）於一九九四年成立了長期資本管理公司，公司在剛成立幾年的生意非常好，後來卻跌破眾人眼鏡地開始崩壞。到了二〇〇〇年，債權人已將公司資產吃乾抹淨，公司就這麼倒閉了。

這場災難的源頭是基金經理設計的電腦程式，這個精密的程式能預測市場走向，是長期資本管理公司的驕傲。程式的運算能力讓公司過於安逸，不停向投資者鼓吹程式的妙用，當程式未能預測到顯而易見的基本經濟問題時，公司高層因而沒有調降投資額，反而加碼。

以這個電腦程式為傲成了公司文化的一部分，最後導致無可挽救的失敗。一個團隊的衰敗往往萌芽於成功與過度的自信中，一旦品嘗過成功的滋味就容易心生傲慢，開始視成功為理所當然，忘了自己當初何以能成功。

傲慢的徵兆

人類自我欺騙的能力強得令人畏懼，連我自己也不例外，我有時會對自己的判斷深信不疑，不斷加強自己的信念：如果我賭一把，一定會贏。為什麼會贏？理由只是因為我賭了一把——既然我做的每一件事都是對的，自然每一次都會押對寶。如果你察覺自己有下列任何一種徵兆，就該嚴苛地自我反省了：

你覺得自己本該擁有某些權利。這一點並不容易察覺，你可能覺得自己是團隊中最有才華的人，理當成為領袖。如你覺得自己站上領導之位是因為具有某種特質，而不是因為工作表現，那就已經一腳踩進傲慢的陷阱了。

這種「理所當然」的念頭會膨脹成因為「我就是我」才會成為領導人，導致你開始走險路，並認為自己不必為風險承擔結果。如果你發現自己有卸責的徵兆，那就表示你也有相同的傾向。

比起別人的意見，你更重視自己的看法。你不僅認為自己的想法比別人有價值，還把一部分自我跟你的想法畫上等號，每當有人批評你的意見，就有如自己受到攻擊，也因此過度袒護自己的想法。如此發展下去，你的偏見會日益嚴重，到最後完全無法公正地評判自己與他人的想法。傲慢會侷限我們的思維，阻礙我們學習新知。

你開始強調責任，勝過用創意解決問題。這會傳遞出底下訊息：「不是我的錯，但我一定會抓出罪魁禍首！」於是團隊成員開始互相指責，辦公室政治掛帥，而工作進展成了次要目標。在這種類型的組織裡，擅長卸責的人容易獲得升遷，而不是勇於承擔責任的人。

你要養成自我評估的習慣，才能及時偵測出自己的錯誤，並勇於承認——而且是要公開坦承，接著修正自己的不完善。天才型員工的本性就是慣於抱持懷疑的眼光看待事情，假設領導人說：「對不起，我錯了。」下一句卻用「但是」兩個字起頭，試圖合理化自己的行為，如此只會造成團隊成員的疏離。

緊接在道歉或讚美之後的「但是」，只會大大減損前面那句話的價值，一個謙遜的領導人不會在道歉或稱讚別人時附帶「但是」的轉折。你不僅要扛起責任、讚美有功的人，更要留意表達歉意或讚賞時的措詞。

優秀的領導人勇於承認自己的過錯，團隊成員在耳濡目染下也會開始仿效，如此形塑出來的風氣會延續至團隊裡的每一項任務。當領導人以身作則，為自己的言行負責，團隊成員就會以他為楷模，生產力也會因此提升。

假性的謙卑

多年前，有一位科學家送我一份禮物，感謝我幫助他以大學時期的研究為基礎，成立新創公司，當時我雲淡風輕地說：「別客氣，小事一樁，我只是善盡自己的職責。」

當天開車回家途中，細想才發現自己把這位科學家生命中的大事說成不足掛齒的小事，彷彿這個天才的人生夢想根本「沒什麼大不了」，這件事情的重要意義被我給毀了。我的本意不過是想謙虛個幾句，但聽在那位科學家的耳裡，是辱沒了他心目中意義宏大的成就。

我當晚回到家後寄了一封電子信件，讓他知道我銘記著他的感謝、和他共事的經歷，雖然幫助他只是善盡職責，但他的感激對我來說就是最棒的報酬。我們後來雖然在職涯路上漸行漸遠，卻一直都是交心好友。

領導人認清自己並非完人且可能犯錯、及時修正錯誤就是對團隊的貢獻時，才有辦法進行深切的自我檢討。更重要的是，你要在確保自己不會重蹈覆轍時學會原諒自己，取得兩者間的平衡能帶給你內心平靜。如果你原諒了自己，日後卻還是犯下同樣的錯誤，你就會逐漸失去信用。

自我厭惡與假性的謙卑密切相關。過去有好長一段時間，每當我發現自己犯錯就會在心中譴責自己、咒罵自己笨蛋。我對自己如此憤怒，意謂著我對自己犯錯感到震驚，認為自己本應是完美無缺的聖人。而深植在潛意識的這種自我要求，正是我們為自己設下的騙局。

假性的謙卑也可能導致自我憐憫。一個人只要認為錯不在己，就會開始自我憐憫——他們會告訴自己：「不公平。」你要避免落入這樣的陷阱：輕易原諒自己、怨嘆別人不公。沒有人想和這種人共事。

自嘲是傲慢的解藥

人之所以傲慢是因為過於認真看待自己與自己的想法，傲慢等於是我們一手創造出來的心態，用來防止對自己的缺點感到懊惱。自嘲能幫助我們從傲慢的心態解脫，當我們大方自嘲，傳遞的訊息就是：我雖然有些小缺點，但這些缺點並不是我的全部，它們無法代表我的信念或行為。如果能自嘲，你就能主宰自己的傲慢。

二〇一一年「阿拉伯之春」革命時期，[2] 埃及人發起反抗穆罕默德．胡斯尼．穆巴拉克總統的非暴力抗議行動，領導抗議行動的年輕知識分子用推特發文嘲諷穆巴拉克，他們告訴大眾，嘲諷穆巴拉克能降低他的危險性，因為嘲笑他就等於是在自己的腦中罷免他。同樣地，自嘲就等同廢黜你在心中自封的王位，一旦能體會自嘲的幽默之處，就不會再自認是無懈可擊的完人。自嘲，是從生理層面著手解除侷限你的心態。

你可以持續性地將幽默融入你的領導風格，以此維持謙卑的態度。我每個月都把一則好笑的小故事寫在電子郵件中，寄送給部門裡的所有伙伴，如果要舉好笑或尷尬的例子，我會以自己作為主角。有一次，我送穆斯林朋友一瓶昂貴的蘇格蘭威士忌，他過了一年才告訴我伊斯蘭教禁止信徒飲酒，我聽了尷尬地不停道歉，困窘的模樣惹得那位朋友捧腹大笑，也建立了我們迄今仍堅定不移的友誼。

愛因斯坦起初也是相當嚴肅地看待自己，但隨著年歲增長，讚譽如潮湧而來，他漸漸學會自嘲。在他的人生晚年，普林斯頓大學曾經為他舉辦持續一整天的馬拉松講座，愛因斯坦毫無怨言地聽完所有演講，有人問他會不會感到疲憊。「我怎麼會疲憊？聽懂的人才會感覺疲憊啊！」他回答。

愛因斯坦年紀大了之後，健康狀況大不如前，醫師要求他嚴格控制飲食，禁止甜食或抽菸。有一次，他在家中舉辦晚宴，飯後有人拿著糖果分給大家吃，愛因斯坦接過來後深深吸著糖果的香氣，惹來賓客好奇的目光。他說：「我的醫師只准我聞，不准我吃。那傢伙是魔鬼，淨會剝奪我生命中的樂趣！」

送禮與表達感激

送禮也是卸除傲慢的良方，為表現優異的團隊成員準備禮物、讓其他成員看見他的成就，就等於把聚光燈打在他——而不是你自己——身上。**送禮時，千萬別送過大或過於貴重的禮品，否則焦點又會轉移到你這邊。**準備禮物和送禮同樣重要，挑選禮物時不會想著自己，而會把心思放在對方身上。

除此之外，送禮方式足以讓送禮這件事變成皆大歡喜，或是以失敗收場。把禮物交給對方，用意在於讓他成為目光焦點，自己別口若懸河地講個不停，把舞臺讓給對方，讓他發表成功感言。

註2：發生於阿拉伯世界的一次革命浪潮，自從二〇一〇年十二月突尼西亞爆發民主運動以來，阿拉伯世界一些國家的民眾紛紛走上街頭，要求推翻專制政體。

表揚與贈禮應該經常為之，送禮的對象應該是對團隊有重大貢獻、值得令你感激的人，否則只會顯得虛偽。表達感激與傲慢處於對立的兩端，**如果團隊表現優異，卻沒有得到你的認可或回報，等於你自認是領導人，而成員為你拿出最佳表現是理所當然**。這種想法極容易引起團隊成員的反彈，對你的忠誠只會日益減損，願意付出的努力也會跟著銳減。

看到別人收到你準備的驚喜，你會感到高興，此時別想著自己能從中獲得什麼好處，只要專注於感受這一瞬間的謙卑。感受謙卑的瞬間之所以短暫，是因為我們在送完禮之後，思緒都會不由自主地轉移回自己身上。

克服對衝突的恐懼

有辦法誠實審視自己的人，才有能力接受內在的衝突。身為領導人，你無法避免自己「該有」的表現與「實際」表現之間的落差，如果無法坦然面對落差，你就會自欺催眠自己一切都沒問題，妨害自己有所進展。一個無法坦然面對自我的人，更無法接受同儕的合理批評，進而透過他人的指正有所成長。

普林斯頓高等研究院創立初期，定期獲得路易斯．班伯格與菲立克斯．富爾德太太基金會（Louis Bamberger and Mrs. Felix Fuld Foundation）的經費資助。班伯格兄妹——路易斯和卡洛琳（富爾德太太）——與兩個生意伙伴曾在紐澤西州創立連鎖百貨公司，他們在一九二九年股市崩盤前不久，把百貨公司賣給了梅西百貨（Macy's）。

弗萊茲發現班伯格兄妹極度厭惡理事會議上的衝突，即使衝突的起因是某項重要議題，他們也無法接受齟齬。為了避免班伯格兄妹因為激烈爭論感到不自在，高等研究院的理事會議成了過場儀式，不再討論未事先徵得路易斯．班伯格同意的事項，會議變成宣讀結論，而不是公開討論。

哈佛律師費利克斯．弗蘭克福特（Felix Frankfurter）在某次會議中，堅決地抗議薪資不平等，路易斯的妹妹卡洛琳便湊到弗萊茲耳邊，小聲地告訴他弗蘭克福特留不得。弗萊茲因為也受夠了弗蘭克福特對他的種種批評，很樂意將這位總是對他的經營模式感到不滿的律師踢出理事會。弗萊茲失去了自我評估與接受內在衝突的能力。

弗萊茲成了唯一能說服班伯格兄妹做困難抉擇的人，高等研究院的理事會愈來愈依賴他。逃避衝突、自我審視的不只班伯格兄妹，就連弗萊茲也是，這也是高等研究院後來不再支持他，導致他失敗的主因。

第三條路

天才型員工的領導人必須有能力同時考量兩種矛盾的想法，公平看待這兩種可能性，然後找到結合兩者且優於兩者的第三條路，化解衝突。這個過程叫作「綜合式自省」（integrative self-reflection），要利用這種自省方式找到第三條路，你必須在令人煩躁的情況下保持冷靜，在心中衡量你對於兩個選項的想法，而且是互相衝突的想法。

這並不代表某個選項比較高尚或重要，不必把自己的行為和決定分成黑白分明的好與壞，只要客觀評斷選項，應該就能找到解決團隊問題、彌補領導缺失的第三種方法。

假如不幸犯了大錯，就要認清自己的錯誤，並從中學習。你必須兼顧感性與理性，找到兩者的平衡：平靜接受自己不是完人的事實，竭力避免在未來重蹈覆轍。

第三條路是一條創新的路，你要先公平考量衝突的兩端，才能尋覓到這條坦途。它的誕生是因為認知到：兩個極端無法完美地融合成一體，但在不同的情況下各有千秋，兩者都有值得保留的價值，因為它們可以取得某種平衡。

透過綜合式自省，你會發現兩個極端其實帶有重疊的動機，你可以依此去開拓第三條路。第三條路並不好找，但沿著這個方向發展下去，領導人才能漸漸成長，也會發現領導與管理其實是一門藝術。

我們可以從愛因斯坦身上看見第三條路的好處：第二次世界大戰期間有許多「良心拒服兵役者」（conscientious objector），[3]愛因斯坦寫信建議比利時國王徵召這些人，派給他們與軍事較無關的支援工作，例如到商船或醫院服務。許多西方國家後來也跟進採行相同作法，既不用與和平主義者起衝突，也能滿足國家的兵員需求。

註3：指基於思想自由、個人良心或宗教信仰，拒絕履行兵役的人。

綜合式自省法

管理學權威彼得．杜拉克（Peter Drucker）曾提出方法確保自己可以為自己負責：每次做決策或採取重要措施，先行寫下自己預期的結果，等經過九到十二個月再比較自己的預測和實際發生的狀況，判斷自己的預測是否準確，然後以此次經驗為基準來做下一次決策。身為科學家的我很喜歡這種方法，因為如同在做科學研究一般，先測試自己的假說是否正確，分析實驗數據，再以這次結果為基礎調整下次決策。

另外一種自我評量方法，是列出所有引導你做某個決定的因素，找到驅使你行動或做決策的價值觀，而不是你認為自己認同的價值觀。如果影響你做決策的價值觀有悖組織的價值觀，你就知道問題出在哪裡了。

發現問題不等於修正問題

誠實地自我評量還不夠，你還必須改正你發現的錯誤與缺點，這意謂著你要兼具耐心與彈性，願意投注時間來練習。前面提過，你必須像個自訂訓練計畫的運動員，規劃自我評估的時間與方式。

你必須學會啟動自我干擾。與其說像捏陶土，自我干擾更像是在雕琢大理石，你可能不曉得自我成見與既有觀念有多麼根深蒂固，事實是每個人都畏懼自我糾正帶來的混亂，多數人會覺得事情要進展順利才有生產力，這是錯誤的想法。卓越的科技進步，往往都是誕生於壓力與混亂的產物。

你要找到心中的「絕對」念頭，例如「我讓團隊成員覺得很自在」或「我無法讓團隊成員看到大方向」，上述的絕對陳述句不可能是事實，因為人格與決策都不是「絕對」，我們只能用機率與可能性來描述自己。物理學家理察・費曼（Richard Feynman）曾說：「依我所見，與其擁抱可能有誤的答案，一無所知地活著還更有趣些。對於不同的事物，我心中有大概的解答、可能的信念與不同程度的懷疑。」

用絕對論來框架人生，而不個別權衡每個不同事件，令人感到安心，然而一旦你用絕對的陳述句來定義自己，就會喪失成長的機會，因為你的眼裡將看不見框架之外的廣闊天地。

問題來了，你要如何把真我從自我成見中解放出來？這時候，傳統的職業模型就不符所需了。**在大多數組織裡，自我評量的目的是要改善員工的工作績效，但對聰明部屬的領導人而言，自我評量是為了幫助他們發現新事物。**重點不在於你，而是如何提升聰明部屬發現新事物的潛能。

請看圖3.1，右邊的圓代表團隊需要你做的事，左邊的六邊形代表你的內心。自省的目的是為了使你跟團隊更加契合。如果你是處於左邊的六邊形，代表你是個無法有效自省的領導人，與團隊的其他成員格格不入。

自省，要客觀地探究自己的內心，是評估自己優缺點的第一步。如果無法修正缺點，你會淪於不斷地重蹈覆轍，一再撞牆也不明白事情為什麼不順心，更糟的是會妨礙團隊發揮潛力。自我評量的前幾個步驟能讓你看得更廣、更遠，目光不再聚焦於你的成功與傲慢，但這些步驟無法督促你進行自我修正，你必須自我監督。

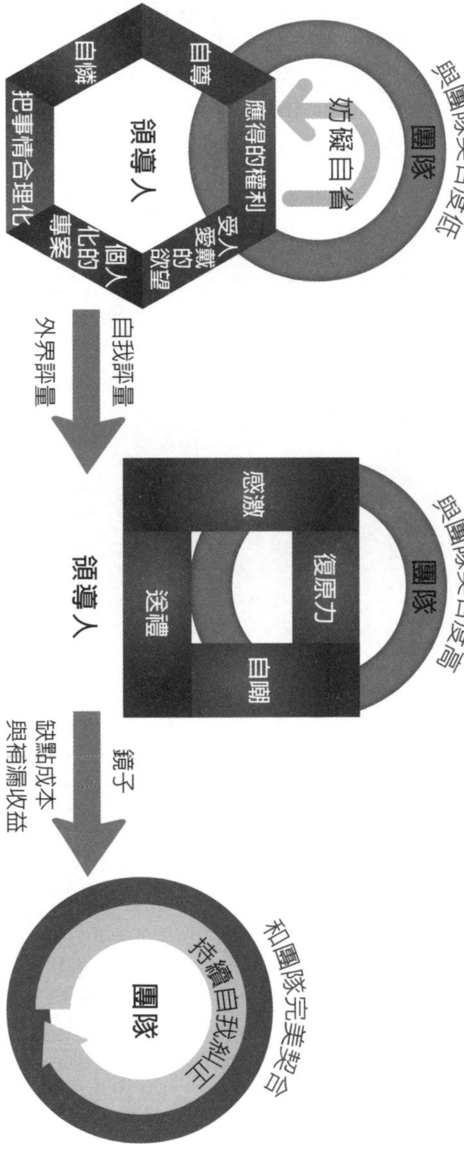
與團隊契合度低
團隊
妨礙自省
應得的權利
受人愛戴的欲望
個人化的專案
把事情合理化
自憐
自尊
領導人
自我評量
外界評量
與團隊契合度高
團隊
感激
復原力
自嘲
送禮
領導人
鏡子
缺點成本
與補漏收益
和團隊完美契合
持續自我糾正
團隊

圖 3.1

用鏡子練習自我評量

如果無法先認清自己的真面目，我們再怎麼想改變自己也只是徒勞。我們需要一面可以如實反映自我的明鏡。

請找一位你信任的良師益友充當你的鏡子，他不能是你的團隊成員，或是跟你太親近的對象，否則他會有所顧慮而沒有說出殘酷的實情。在自我評量的過程中，最艱難的步驟莫過於正眼直視鏡子，不因為鏡中不完美的自己而退縮或逃避。

在與你的良師益友會面前，先誠實填寫下面的領導人特質問卷，用1到5來衡量自己的程度，接著在會面時以這份問卷開啟對話。隨著事業的發展，你可以開始客製化自己的問卷。

1.有人挑戰我的觀點，我會不會過度防衛自己的想法？

我能冷靜、理性地回應＝1；我會生氣地和對方爭執＝5

1　2　3　4　5

2.我會不會等團隊成員說完他的想法，再開口回應？

我會讓對方完整表達自己的想法＝1；我會打斷對方＝5

1 2 3 4 5

3.誰負責宣布團隊的突破與成就？

達成此成就的成員＝1；我＝5

1 2 3 4 5

4.我願意舉薦團隊中的聰明部屬，讓他升遷並離開團隊嗎？

成員的事業比自己的事業重要＝1；我的事業最重要＝5

1 2 3 4 5

5.團隊有多常檢討專案成果？

每次檢討＝1；從不檢討＝5

1 2 3 4 5

6.檢討專案成果的目的為何？

檢討事前預測與執行過程＝1；點名該為成功或失敗負責的人＝5

1 2 3 4 5

7.每位團隊成員都能說出團隊的核心價值嗎？

每個人都可以＝1；沒有人可以＝5

1 2 3 4 5

8.如果欺瞞團隊成員能讓我加薪，我會這麼做嗎？

不可能＝1；視加薪額度而定＝5

1 2 3 4 5

9.每位團隊成員都能說出團隊的主要目標嗎？

每個人都可以＝1；沒有人可以＝5

1 2 3 4 5

10.團隊成員有多常要求我提供資源，以便達成目標？

很少＝1；經常＝5

1　2　3　4　5

先別把自己的評分秀給良師益友看，請他幫你填寫這份問卷，再比較你們兩人的評分。你可以分兩個步驟進行問卷分析，首先，看看兩人都打四分或五分的問題，它們便是你該想辦法改進的缺點。請舉實例和你的良師益友討論曾經犯過的錯誤，共同腦力激盪當時是否有更好的做法。

第二個步驟更加重要，請看看有哪些題目自己打一分或兩分，良師益友卻打了四分或五分。它們是你的缺點，而且就像長在背上的青春痘，沒有鏡子就看不到它們的存在。它們是你還沒意識到的缺點，正是這些盲點導致你犯錯。

發現自己看不見的缺點還不夠，你得意識到它們對你造成的危害：回顧過去幾年的失敗經驗，再對照良師益友幫你指出的缺點，請仔細回想是不是這些缺點導致你做出錯誤決定？**克服缺點的關鍵，就是把它們造成的代價量化並標上價碼，而且是你不願付出的高價。**如果你能把某次失敗與某項缺點連結在一起，你就會發現這個缺點代價高昂，趁早杜絕才是明智之舉。

我第一次採用這種方法自省時，良師益友是一位同事，我發現自省過程比想像中痛苦得多。我以為自己擅長傾聽別人的意見，也不會居功，同事卻認為我常在討論時打斷別人，迫不及待發表自己的意見，而且有把團隊功勞攬在身上的傾向。同事迫使我認清原本沒有意識到的缺點，改變我對自己的觀感，面對殘酷真相的過程一點也不好受。在那次自我評量後，我花了好長一段時間修正行為，避免插嘴或居功的清況再度發生。

除了修正缺點，培養優點也是重要工作。建議你定期和良師益友面談，討論自我改善是否具有成效。如果進展一如你的預期，就要持續維持相同的心態與作法，不斷成長。最理想的情況是，你在不斷自我分析與糾正錯誤的過程中，達到自己設立的目標。除了問卷上的十個基本問題，你可以針對目前遭遇的困境客製化幾個問題，用更符合現況的問卷評量自己的優缺點。

請仔細想想，你期望自己身為領導人能具備哪些特質？你希望這些特質能帶來什麼成果？持續自我修正的目的，是協助你認清自己要有何作為才能帶領團隊邁向成功。誠實地自我評量，就能在問題擴大成災難前及時止血；自我反省，是為了使自己與團隊更加契合，讓團隊成員盡情發揮本事。

本章一點通

如果你持續遇到同樣問題，那問題很可能就出在你身上。

第四章

守則2

別成為聰明部屬的絆腳石

拉低聰明部屬的生產力，妨礙他們發揮創意的最大障礙，通常都是領導者。但多數領導人缺乏自知之明，甚至以為自己對團隊有莫大貢獻，基於這種心態，領導人會繼續自我感覺良好。

以我而言，身為領導人的工作就像火車站站長一般，指揮著進出站的車班，確保每一輛列車都開上正確的軌道、每一輛班車都準時發車。等過了好幾年我才頓悟，我以為自己在指揮列車，實際上卻是站在軌道上對著列車比手畫腳。我想成為每一件事情的核心人物，成天在軌道上走動，對著經過的列車頤指氣使，有些列車為了避免將我撞飛還不得不切換軌道。

這種管理模式只會走上失敗，即便你成功強迫聰明部屬更改行進方向，新的路線也會打亂他們原本的思路，導致他們愈來愈消極。反過來說，如果你無法引導聰明部屬往你要的方向前進，他們進展飛快的工作會輾過擋在路中央的你，最後偏離了團隊目標。無論是過度指揮或指揮不力，都會減損聰明部屬的生產力。

愛因斯坦前進華府

隨著愛因斯坦抵達美國的日子逼近，弗萊茲愈來愈緊張。愛因斯坦在參訪牛津大學時，牛津教職員試圖說服他久居英國。愛因斯坦人在歐洲時，對德國的反猶太主義頗有微詞，導致納粹查封他的住家，德國的物理學家甚至發起反相對論運動，德國還傳出納粹可能暗殺愛因斯坦的流言，以致愛因斯坦停留在英國那段期間，身旁總有便衣隨扈跟從保護他。

弗萊茲除了擔心德國人危害愛因斯坦的人身安全，更擔心有人說服愛因斯坦造訪其他大學，延誤了他正式加入普林斯頓高等研究院的時程。高等研究院理事長路易斯・班伯格開始寄新聞剪報給弗萊茲，讓他知道有多少人搶著聘用愛因斯坦。弗萊茲更憂心愛因斯坦日益攀升的名氣，會讓高等研究院這個學術研究機構抹上政治色彩。

當時的紐約市長希望在選舉前增加媒體曝光率，為愛因斯坦安排了盛大的歡迎會，甚至邀請了行進樂隊，市長、樂隊、記者與旁觀民眾一行人浩浩蕩蕩地在碼頭等待愛因斯坦搭乘的船靠岸。但在船隻靠了岸，乘客一一下船後，眾人卻瞧不見愛因斯坦的蹤影。

原來是弗萊茲事先安排一艘接駁船在遠洋客輪駛進港口前，暗中接愛因斯坦夫妻到紐約，等到遠洋客輪在碼頭停靠，愛因斯坦早已在普林斯頓市一間冰品飲料店吃冰，開始探索新環境了。等在港口渴望親睹愛因斯坦風采的民眾與市長，只能敗興離開。

弗萊茲的目的是移除所有令天才分心、妨礙天才在研究上有所突破的事物。在《紐約時報》（*New York Times*）報導高等研究院成立的新聞時，弗萊茲商請報社編輯別在他的身上大作文章，把新聞焦點放在愛因斯坦與高等研究院上頭。**他並不是開記者會發表蘋果公司最新產品的史蒂夫·賈伯斯（Steve Jobs），他只把自己視為在天才背後移除障礙、為他們減少瑣碎雜事的人，他的作風無疑是天才的模範領導人。**

儘管如此，弗萊茲卻過度控制愛因斯坦所處的環境，導致愛因斯坦差點離他而去。弗萊茲自認是為了傑出的愛因斯坦著想，替他回絕了所有邀約，他擔心愛因斯坦沒辦法處理在媒體或大眾面前露面的事宜，於是親自安排愛因斯坦的日程表，甚至婉拒了羅斯福總統的晚餐邀約。弗萊茲沒有將白宮邀請愛因斯坦前往晚宴的事情告訴他，愛因斯坦發現後火冒三丈，對高等研究院的理事會表示，如果弗萊茲繼續干涉他的私生活，他就會離開高等研究院。弗萊茲最後不得不讓步，並努力修復他和愛因斯坦的關係。弗萊茲正是因為成為絆腳石，才差點逼迫愛因斯坦離開高等研究院。

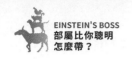

容許新方法

弗萊茲勇於支持團隊成員用新方法解決研究上的老問題，也鼓勵天才探索尚未有人提出問題的新領域。他沒有打擾在地下室研究電腦的約翰．馮．諾伊曼（John von Neumann），也允許其他人順從自己的好奇心，探索新事物。

高等研究院的經濟學家溫菲爾德．里弗勒（Winfield Riefler）想利用統計原理分析經濟學數據，預測未來的經濟趨勢，其他經濟學家都認為這種想法太可笑，因為當時的經濟學比較近似於哲學或心理學，奠基於個人的行為準則。里弗勒發現總體人口的數據比加總個別人口的數據來得準確，乍看之下不重要的趨勢，在經過統計仔細分析後可以呈現出重大意義。美國聯邦政府在二次大戰期間應用里弗勒的分析技術，籌募戰爭所需的資金，里弗勒的分析技術不僅幫助美國在戰爭中獲勝，後來也被用於預測社會安全保險經費與預算。

憑著弗萊茲的支持，里弗勒發明了現在經濟學通用的分析方法。弗萊茲建立了鼓勵好奇心與跨領域合作的團隊環境，當團隊成員對某個新想法感到興奮，躍躍欲試時，弗萊茲絕對不會阻礙他們追根究柢。

弗萊茲不僅不會成為絆腳石，更積極鼓勵科學家和非相關領域專家進行有別於傳統的合作，支持他們採用創新方法研究問題，因為這正是他所擘畫的理想高等研究院。

權力與責任同步

「別成為絆腳石」不僅可以鼓勵成員採用創新方法，身為領導人還必須交出主導計畫的權力，在你把執行計畫的責任交付團隊成員時，必須同時給他們履行責任所需的權力。這是帶領聰明部屬的領導人常犯的錯誤，而且是防不勝防，一旦居於領導之位，就很容易不自覺地落入把權的陷阱。

唯有謹遵這條守則，你的計畫才有望成功。一份以五百名經理人或管理者為對象的問卷調查顯示，任務失敗的一大因素是權力未能下放。當你要求聰明部屬負責主導某項專案，你必須同步賦予他們權力，並且讓他們感受到自己是貨真價實的專案主導者，否則他們執行任務會綁手綁腳，無法全心投入工作。聰明部屬必須有做決策、改變專案走向的權力，他們必須能擬定專案所需的資源、組織架構與必要實驗。反過來說，一旦他們被賦予了權力，就必須為專案目標負責。

聯邦快遞正是讓權力與責任同步的典型案例：這間公司允許每一名司機自行選擇運送包裹的最佳路線，而不使用GPS規範他們的運送路線，讓每名司機活用他們對當地地形與路況的了解，以期儘量節省時間。這種做法有效提升了員工對於工作的滿意度，也降低了員工流動率。

反動或無感

要一個團隊走向失敗，最簡單的方法就是把困難任務丟給團隊成員，然後限制他們測試新點子、解決問題的權力。一項計畫愈困難，聰明部屬愈需要自由發揮的空間，才能將聰明才智發揮到極致。

領導人常緊抓著權力不放，唯有等到發生兩種狀況才會發現自己犯了這個毛病：肖克利半導體實驗室的全面反動，或柯達公司中層主管的麻木無感。每次看到團隊反彈或失去對專案的熱情，我就知道領導人一定是丟給成員責任卻沒有把相應的權力下放，此時團隊成員就極可能反彈，排擠這位失職的領導人，或者選擇跳槽到別家公司。如果沒有選擇離開，也可能從無力漸漸轉變成麻木，這種情況其實比全面反彈更糟糕，因為麻木的員工徒占著職缺卻工作效率低靡，他們會花愈來愈多時間逛社群網站，和同事在茶水間聊的不是新的演算法，而是大學的校際籃球賽，所有的創新與創意都將消失殆盡。

緊握著權力不放，會讓團隊成員感到不滿，聰明部屬會看穿你賦予的權力不足以達成目標。他們會開始感到不公，因為他們把你視為最大的障礙，卻又無從把你這個障礙移除。當你給予老鼠負面經歷，像是避無可避的輕微電擊，牠最後會趴在原地不動，這種現象稱為「習得性無助」（learned helplessness）。同理，聰明部屬少了這份薪水就無法謀生，他既無法解決專案中的問題，又無法轉換跑道，最後就會導致習得性無助。

把權的徵兆

那麼，你要如何知道自己有沒有把持權力與資源，壓抑團隊的創意與生產力呢？如果你懂得自省，就會察覺把持權力的早期症狀，及早退到一旁讓團隊成員有發揮空間。當你有以下這些症狀，就表示你沒有下放權力：

堅持討論每一項任務。你認為自己必須時時參與團隊工作，不只商議任務的大方向，再小的工作也要與你討論才能開始執行。如此一來你會成為絆腳石，在尚未與你開會討論前，所有進展都會停擺。

要求成員做到「微批准」，意即專案的每一個細節都須經過你認可。聰明部屬每走一步都來找你商議，你就能全面掌控專案與成員動向。這種領導人喜歡以「我從一開始就未授權你這樣做」為由，中斷進展到一半的任務，讓聰明部屬摸不透究竟哪些任務可以進行。這種控管模式會使團隊充斥著不安氛圍，壓抑成員的創意。

這種領導方式還有其他缺點：成員得到你的首肯才能做事，你自己會變得異常忙碌。覺得被需要，雖然會感到自豪——但因為忙得不可開交，等你過目的事項堆積如山，成員要等幾個星期才能得到回覆。你會拖慢聰明部屬的步調，讓他們開始煩躁，你可能意識不到自己對團隊有何負面影響，甚至有人直言進諫，你還會矢口否認。

最適合決定該買何種設備、安排哪項實驗的，並非領導人，真正參與工作的人才能依據自己對工作的了解，做更好的決定。如果無法提供聰明部屬所需資源，就沒有立場要求他們為任務負責；他們手上沒有權力，就等同擁有失敗的託辭。

對「成功」的定義太模糊。你對目標的期望太模糊，想保留隨時更改的空間，以便在任務失敗時可以推託卸責。你想掌控聰明部屬的工作進展，又想自行定義何謂「成功」。如果領導人無法將「成功」的定義明確傳達給部屬，就表示他不相信自己的團隊可以達標。更糟糕的情況是，連領導人自己也不知道何謂「成功」。

一個實力堅強的團隊會在任務一開始即定義可量化的「成功」標準。身為領導人，你應該帶頭討論何謂「成功」，而不是逃避討論。

不即時給予明確的回饋。此處的回饋指的是鼓勵，不是抨擊；是作業程序上的建議，不是「微批准」。你的工作是設立目標，而非安排朝目標前進的每一個步驟。聰明部屬表現傑出，你要讓他們知道自己做得很棒。就算進展有限，也別只關心他們成功與否，只要在邁向目標的過程中有任何突破，都應該給予適時鼓勵。

不可諱言，成果還是很重要，誠如著名美式足球教練比爾・帕塞爾斯（Bill Parcells）所言：你的紀錄代表了你個人。如果程序沒有錯，工作自然會有進展，部屬的工作程序若是有瑕疵，那就專注於改善工作程序，別著眼於追究到底出了什麼錯。

只表揚自己的成就，而非部屬的成就。生技巨擘 Biogen 公司有一面掛滿獎牌的牆，每一面獎牌上頭都寫著公司申請的專利，以及發明專利的員工名字。Biogen 每次成功申請到新專利，就會請員工慶功喝香檳，並將新獎牌掛到牆上，受表揚的部屬會敲響一口大鐘，彷彿是要讓全公司同仁聽見他們的榮耀。

「聽到鐘聲，我們會走出各自的實驗室和辦公室，聚集到獎牌牆邊慶祝新專利申請成功。這個傳統是在提醒我們，我們持續在進步、在成功。」前 Biogen 科學主管伯特・

阿德曼（Burt Adelman）如此告訴我。

強迫團隊遵照你的時程辦事，而不是部屬自己的時程。你在部屬工作最有效率的時間召開會議，而且會一開就開很久。身為領導人，你必須確保部屬有足夠時間專注處理任務中的種種問題，如果不時找他們開會討論，他們或許會覺得你在關心任務進展，於此同時，你也拖慢了他們的生產力。領導人不能過於頻繁地打斷部屬工作，必須讓他們進展順暢。

鮮少要部屬即時發表對於任務的意見。很多領導人把部屬的意見回饋視為對自己領導能力的質疑，是一種威脅，有時候甚至沒意識到自己刻意不問部屬對於決策的想法，逃避他們的意見。你傾向於在團隊會議上宣布結論，而不是在做決定前與部屬討論。

在團隊中營造恐懼氛圍。如果部屬成功的喜悅比不上失敗的恐懼，那主管的領導方法就是藉由處罰偏離既定軌道的部屬來掌控團隊。利用部屬的恐懼掌控團隊是典型的極權領導模式，這樣的領導人會時時監管部屬，如果你是屬於極權或威權主義領導人，部屬就不會向你誠實報告工作進度，也不會冒險在工作上發揮創意而有所突破。

營造恐懼氣氛的方式可能很隱微，例如你察覺某項實驗花費較高就動怒，聰明部屬見狀怎還敢拿出自己所費不貲的創新產品？你在沒有自覺的情況下創造出不友善的環境，迫使團隊中最聰明、最有才華的部屬選擇離開，以恐懼帶領部屬的領導人難有大成。

授權的五種障礙

領導人為什麼有把權傾向，把部屬的意見當耳邊風？領導人有時候明知道自己該放手，給聰明部屬空間發揮創意達成任務目標，但還是會在無意中落入掌權的陷阱。底下是領導人有授權障礙的五種常見原因：

1. 缺乏管理聰明部屬的自信。你不信任自己，自然也很難信任團隊。聰明部屬很快會發現你的不信任，卻沒意識到這其實是源自你的缺乏自信。沒安全感的領導人無法傾聽有創意的意見，因為這種溝通需要你鬆手讓對方掌控對話走向、甚至是話題。有時候，你可能連自己在把權都不自覺，你認為團隊需要你，少了你的管控，任務肯定會失敗——也許你的自尊心要靠「我在團隊舉足輕重」的想法來餵養。我甚至見識過一位領導人自導自演緊急狀況，讓他「不得不」插手介入：一件芝麻綠豆般的小事被搞得像是天要塌下來的災難，於是領導人順理成章地跳出來指揮大家應付「緊急情況」。

2. 不想訓練部屬成為專案主導人。 訓練部屬學會管理並不簡單，你必須投注大把的時間，好不容易等你完成訓練，部屬有能力完成任務時，工作已經接近尾聲。此時，你不禁會想：一開始就自己動手還比較省事。培養新的領導人很費時，但這是一筆很划算的投資，團隊的整體生產力都會因此提升。以後再有類似的任務，受過訓練的部屬就能接手，你也不必為此勞心費神。

你可能會告訴自己：我自己來就行，我一定做得比較好。這對管理者而言是很危險的念頭，一旦覺得自己無可取代，就會認為只有自己能做正確決定；一旦認為只有自己能做正確決定，你就無法採納別人的建議，並且停止自省，任由自己的偏見綁住聰明部屬的創意。

如果一項計畫有機會成功，而且是驚天動地的那種成功，領導人可能會擔心授權與分工後，被部屬搶了功勞。我見過許多聰明絕頂的科學家，一開始以朋友的身分合作，卻在計畫成功時成為死對頭。羅歇・吉耶曼（Roger Guillemin）和安德魯・沙利（Andrew Schally）這兩位科學家，率先分離出控制甲狀腺激素與生殖腺激素的腦蛋白，他們在研究初期是朋友與工作伙伴，但隨著研究有所斬獲，並受到愈來愈多人關注，他們察覺自己有望獲得諾貝爾獎，於是團隊開始分裂成兩個互相競爭的實驗小組，雙方都擔心對方竊取數據資料。值得慶幸的是，兩人最後都在一九七七年獲得諾貝爾獎。

3. 你很享受這份即將交付他人的工作。如果把這份工作授權給部屬，就等於送走你每天進辦公室的一部分動力。有一次我擔任專案領導人，不得不把自己專業領域的一項任務交付給小主管，我當然知道他有能力勝任，但由於自己熱愛那份工作，總覺得好像失去了什麼。後來，我可是花了好幾年才學會退到一旁，讓部屬不受干擾地完成工作。

我是如何找到個人興趣與分配任務之間的平衡呢？方法是更頻繁地與小主管碰面，聽他報告任務的最新進展，並克制自己不要每一次都提出意見。我在這些會議中重溫主導專案的快樂，結束後就不再干擾他們做事。

4. 資源有限。在某些情況下，你實在無法掌控資源的多寡，只能接受環境限制。如果資源短缺，你就必須謹慎管理經費，和部屬一起為每一筆開銷與每一次實驗排出先後緩急，不能讓部屬隨心所欲地建構模型或嘗試每一種實驗。

在資源短缺的情況下，允許聰明部屬選擇前進方向對領導人而言更加不容易，因為最後的成敗責任落在領導人頭上。儘管如此，授權仍是幫助聰明部屬發揮創意的最佳辦法。

5. 上頭的權力界線太模糊。如果上頭的主管對權力的界定不夠明確，可能導致下達的指令相互矛盾。當你請求上級釐清，情況可能更加複雜。你將會無法授權，因為連你自己也不清楚目標是什麼。

如果發生這種狀況，可能是你上頭有兩位主管在爭奪掌控權，你得小心別成為他們的共同敵人、承受雙方的敵意，否則他們可能會停戰，先解決掉你再繼續惡鬥。此時，你必須在兩位高層主管面前清楚記錄你的團隊目標，別讓自己的意圖受到質疑。

在權力受限的情況下帶領團隊

有時候，主管可能會限制你對某個專案的管理權力，以致於你很難完成上頭指定的工作。舉例來說，主管指派你管理一支團隊，但你無權聘僱新人，也無法開除現有成員，說白一點，你像是一個頂著主管頭銜的顧問。

你的主管如果自知沒本事卻身居高位，就會限縮你的職權以求自保。再加上他如果不善於自省和自我修正，不安的情緒會促使他把過多精力投注在打壓你。你的工作報酬——甚至職位——仰賴於團隊完成任務的實力，但你卻沒有聘僱或解僱的權力，無法掌控資源，無法考核團隊成員的年度績效。

但你有一個優勢：如果你管理的團隊成員都是聰明人。比起服從命令，聰明部屬更願意一起為重要任務付出心力，他們必須有內在動力與創意才能成功，這兩項特質都和你有沒有權力關係不大，聰明團隊需要的不是你的職權，而是你對團隊的付出、互動與支持。聰明部屬的創新能力，或許能助你打破上級主管的打壓。

當你沒有權力獎賞或解僱團隊成員，比較難給予他們工作動機，威脅派不上用場，因為你並沒有懲處的實權，空洞的威嚇最後只會讓你失去信服力。你必須認清並向成員說明團隊的共同目標，用理性、邏輯說服他們某件任務的必要性，才能指引團隊的前進方向。

何謂授權？

天才型員工的一項才能就是，他們能在別人看不到連結的地方發現連結。但這種概念上的交集唯有在他們有揮灑創意的自由時才會發生。

發現聚合酶連鎖反應（polymerase chain reaction, PCR）的凱利・穆利斯（Kary Mullis）曾在聖地牙哥一間小型生技公司Cetus工作，Cetus充分給予他測試聚合酶連鎖反應的空間，沒有限制期限、資源，也沒有檢討他的每一次實驗。Cetus和一九八〇年代的許多小型生技公司一樣，將做實驗的權力交付給員工，這種授權方式讓 Cetus 中請到跟聚合酶連鎖反應相關的前幾項專利，後來 Cetus 以三億美元的價碼將專利賣給羅氏公司（Hoffman LaRoche）。

這筆交易對雙方都有利，Cetus 躲過了破產的下場，羅氏公司也以相對優惠的價格購入劃時代的新技術，在短短數年內賺了大約二十億美元的專利權利金，並發明了聚合酶連鎖反應操作器材大賺一筆。多年後，穆利斯獲得諾貝爾獎時說：「實至名歸！」他覺得自己是時候得獎了。

信任聰明部屬

交出主導任務的權力，就是用行動表明你信任團隊成員。授權、不干涉聰明部屬，都是建立在信任的基礎上。如果信任聰明部屬的智慧與人格，相信他不會濫用職權並努力完成任務，那麼授權並非難事。在你用行動證明了對部屬的信任後，他們會對任務更盡責、更努力；如果你抗拒授權，那麼你不是不信任自己，就是用錯部屬了。

這是你和聰明部屬關係的基石，你相信他們能發揮創意，他們覺得對工作環境有更多掌控權，就會更盡力、更願意擁抱新做法。當你建議他們探索新方向，他們也不會感到吃不消。

說到底，別當聰明部屬的絆腳石對你有益，把任務的主導權交付給他們，不干擾他們做事，你得到的一定遠比失去的多。當天才型員工能控制命運、自由思考，不可思議的新發現就可能誕生；他們的內心就像拿到生平第一組樂高積木的小孩，別限制他們的資源，讓探索新事物的好奇與童心驅使他們前進。要注意的是，如果團隊成員不是聰明部屬，下放權力並沒有幫助，他們得仰賴你清楚界定工作範圍，給予明確的指示。

圖 4.1 顯示主管缺乏自信對團隊造成的影響：主管不進行自省和自我修正，他會開始不信任自己，加上團隊成員比他聰明，他成天拿自己的缺點和部屬的聰明才智相比，自信心更加受創，於是為了維持「我有能力，我有資格當領導人」的形象而自欺，結果卻打壓了團隊中的聰明部屬。

從圖 4.1 可以看出，當主管缺乏自信，他會開始打壓聰明部屬的表現。

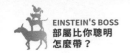

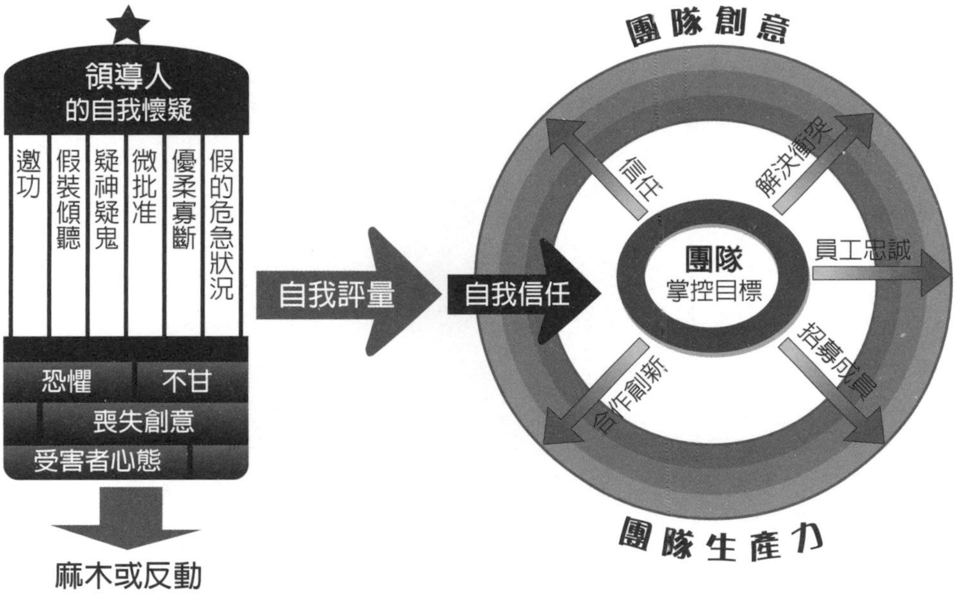
領導人
的自我懷疑
邀功
假裝傾聽
疑神疑鬼
微批准
優柔寡斷
假的危急狀況
恐懼
不甘
喪失創意
受害者心態
麻木或反動
自我評量
自我信任
團隊
掌控目標
信任
解決衝突
員工忠誠
招募成員
合作創新
團隊創意
團隊生產力

圖 4.1

懂得自省、有自信的主管會將專案主導權授予部屬，這唯有在主管對自己能力有信心時才會發生。自信有助於主管授權、不當絆腳石，而這也是主管信任聰明部屬的表現。掌控專案主導權的聰明部屬不僅是為薪水工作，他們付出心血是因為相信任務對公司、對世界的重要性，而得到主管的信任，讓他們得以充分展現創造力。

聰明部屬對工作產生熱情，他們會更加忠誠，也會吸引更多人才加入團隊。團隊有共同目標，意謂著成員有相似的價值觀，在意見衝突時比較容易找到雙方的折衷點，更有效率地排解紛爭，於是成員更能夠彼此信任。比起因為主管的自我懷疑而打壓部屬，加強招募新人、留住現有成員、排解紛爭，以及最重要的——讓部屬覺得受到信任，更能打造一支生產力超群的團隊。

本章一點通

你必須先信任自己，才有辦法信任部屬。

第五章

守則3

安靜，傾聽部屬說話

科技革新導致如今多數公司裡的菁英團隊激增，也創造出許多新的溝通方式。現代人的生活充斥著手機、電子信件、簡訊、影片與雲端空間，這意謂著世上的噪音也隨之倍增。

比起從外界撲面襲來的種種噪音，更棘手的問題是，與其傾聽別人說話，我們更想傳達自己的想法，尤其是領導人特別容易犯這個錯誤。有時候，領導人就算聽著部屬說話，也是左耳進右耳出。

要奉行守則二（別當部屬的絆腳石）的最佳方法，就是安靜，傾聽部屬說話。專注傾聽這個動作本身，代表了把權力交予對方，把腦中的噪音音量調到了最低。身為領導人，你可能會發現傾聽其實是最困難的功課。

傾聽話中含意

一九三七年，普林斯頓高等研究院的兩位猶太人理事薩姆爾・萊德斯道夫（Samuel Leidesdorf）與赫伯特・瑪斯（Herbert Maass）向弗萊茲抱怨，他們認為普林斯頓大學的反猶太主義風氣過盛，以致他們的兒子沒有被錄取，而高等研究院的猶太人職員也認為這股風氣太過誇張，商請兩位理事出面解決問題。瑪斯與萊德斯道夫建議弗萊茲減少高等研究院與普林斯頓大學的關聯，將整個數學部門移出他們和大學共用的建築，遷入屬於高等研究院的富爾德樓（Fuld Hall）。除此之外，他們認為弗萊茲看不見普林斯頓的宗教歧視，希望職員能有更多機會參與高等研究院的決策。

弗萊茲聽到瑪斯與萊德斯道夫的建言，一開始感到不可思議，他知道普林斯頓有單一的反猶太主義事件，但不認為校內有普遍性的歧視。弗萊茲為了成立高等研究院的數學院聘僱了普林斯頓大學最傑出的兩位數學家奧斯瓦爾德・維布倫（Oswald Veblen）與詹姆斯・亞歷山大（James Alexander），他和普林斯頓大學的關係不可避免地成了敏感議題。

但弗萊茲沒聽出來的是，瑪斯和萊德斯道夫的建言不全是因為校內的反猶太主義，他們的目的是希望能影響高等研究院的存續。弗萊茲持續將經費用於聘僱新職員與無關的考古挖掘工作，職員擔心自己的工作與退休金不保，希望高等研究院不再仰賴普林斯頓大學，成為比較獨立、穩健的機構。弗萊茲只聽見反猶太主義的表面意涵，沒聽懂職員真正想表達的話中含意。

一年後，高等研究院職員再次請弗萊茲允許職員參與理事會，賦予他們參與職員聘僱與選擇院長的權力。在某次全體職員會議中，數學家詹姆斯・亞歷山大表示，高等研究院數學院之所以要遷至富爾德樓，是因為普林斯頓的反猶太主義過於猖獗。

職員公開表明意見讓弗萊茲感到不自在，部分原因是他很感激普林斯頓大學在高等研究院創辦初期提供的幫助，不想毀了彼此的關係，加上職員對於反猶太主義的控訴，彷彿在指控弗萊茲漠視、默許校園對猶太人的歧視。對於職員的要求，弗萊茲如何反應呢？他聲明高等研究院不再舉行全體職員會議，拒絕增加職員在理事會中的代表席次。

職員之所以公開發表意見，原意是想增加對於高等研究院理事會的影響力，他們擔憂弗萊茲害高等研究院破產，導致全體職員丟了飯碗，職員希望自己的訴求受到重視。結果，弗萊茲並沒有深入傾聽並了解職員的真實想法，他只聽見對於反猶太主義的控訴。校園內的反猶太主義確實存在，但並非造成此次紛爭的主因。

聽人說話跟聽出他們的話中玄機，有巨大差別。就像弗萊茲只聽見字面意思，沒能洞悉話中含意。聽人說話若沒有參照前後文或考量說話對象所處的環境，就很容易淪於弗萊茲的境地。

高等研究院的職員群起抗爭，他們寫信給班伯格兄妹與其他理事會成員投訴弗萊茲領導無方，在短短一年內迫使弗萊茲離開院長職位。

不傾聽的代價

如果你讀過管理學院，應該看過許多企業執行長沒能傾聽部屬意見，導致公司遭遇災難的慘痛案例。《紐約時報》曾訪問在一九七五年發明第一臺數位相機的柯達工程師史蒂芬・沙森（Steve Sasson），他把新發明秀給柯達高層主管看時，主管作何反應？

「我的發明不再需要底片，所以主管的反應是：『好可愛……但千萬別告訴任何人。』」沙森說。柯達公司擔心數位相機影響底片銷路，因此盡可能打壓這項新發明；高層主管想的沒錯，數位攝影後來確實終結了底片時代。

柯達無視自家走在科技前端的工程師，上述只是眾多不明智決策的其中一個案例。經過二十一年，柯達公司在一九九六年終於使用自己開發的數位攝影技術，他們花費五億美元建造了Advantix系統，讓使用者預覽並挑選想要沖洗的照片。簡單來說，

Advantix系統是強迫使用者沖洗照片的數位相機。為了挽救公司的底片營收與沖洗業務，柯達花了五億美元將新科技硬塞入舊型相機。

結果呢？當然是失敗收場。哪有人買數位相機，還要花錢買底片、洗照片？柯達的管理階層聽取工程師的報告，卻沒能洞悉真正的含意，看重自保勝過發現新商機，結果就是公司被時代的洪流所吞噬。如果一間公司的經營計畫，奠基在科技永遠停滯的前提，那公司就注定玩完。

百視達（Blockbuster）是另一個執行長未能傾聽的案例，結果公司也以破產收場。網飛（Netflix）的創辦人之一里德・哈斯廷斯（Reed Hastings），過去曾試圖說服百視達執行長約翰・安迪科（John Antioco）用五千萬美元買下網飛，曾任網飛財務長的貝瑞・麥卡錫（Barry McCarthy）還記得自己與哈斯廷斯等主管搭飛機到德州，與安迪科等人會面。

「里德向他們提議，我們在網路上經營他們的品牌，他們在實體商店裡經營我們的品牌。」麥卡錫說。「結果他們幾乎是笑著請我們離開辦公室。」

百視達高層主管認為網飛營運頗佳，但並非是足以撼動市場現狀的新科技，他們以公司的前途作賭注，賭的是網飛的新科技不會對百視達造成危害。事實證明，他們錯了。百視達創辦人與高層主管在公司破產前售出大部分股份，將資金分別投注到其他公司，最後輸得最慘的不是他們，而是數千名員工與小股東。**這也是領導人不聽團隊勸告的一個重要原因：即使失敗，他們也不必付出太多代價。**

後來，百視達決定涉足網路隨選視訊，卻選擇和一間能源公司安隆（Enron）合作，與安隆的電信部門簽訂長達二十年的合約，結果在九個月後，安隆開始步向衰敗，百視達不得不中止合約。

網飛創新的經營模式搶走百視達的生意，安迪科卻沒能理解哈斯廷斯提案合作的意義。他未能有效傾聽、未能理解網飛的經營模式與市場的新走向，導致百視達後來破產，網飛的股票市值則在二〇一五年攀升到一九〇億美元。

用管理學的原則檢視柯達與百視達的失敗案例，很容易就能找出原因：**兩家公司的成功皆奠基於一個好點子，但它們死守著帶領自己成功的唯一法寶，一旦作為公司基礎的科技過時了，公司無法與時俱進，最後就只能走入歷史**。我認為，兩家公司之所以失敗，是因為領導者未能傾聽其他的好點子。

世界上充斥著雜音，以致我們開始忽視與外界溝通，只專注在自己的聲音。就算你自認聽到了消費者的心聲，滿足了他們的需求，也可能只是一廂情願。如果你一直重複對自己喊話，久了就會認為這些話是事實；同樣的話對自己說了許多遍，你會開始自我催眠這是消費者的真實想法。無視事實的問題在傲慢的催化下變得更加嚴重，你覺得自己在為消費者著想，這樣的信念並非傾聽了消費者的聲音而產生，而是身為領導人的傲慢所致。

為什麼領導人不傾聽

我們為什麼不傾聽？最根本的原因是，我們自認能讀懂別人的心思，對方未把話說完，就知道他們接下來要說什麼。一份研究顯示，人經常會高估自己對他人心思的了解，我們會把自己的知識與想法投射到別人身上。這份研究的參與者不僅誤會了另一人的想法，還完全不自知。

我們產生誤解是因為沒能認知到，每個人都擁有獨特的思想。我們覺得自己知道對方接下來想說什麼，是因為逕自認定對方會說出我們想說的話。

挑戰者號（Challenger）太空梭災難就是未能傾聽的恐怖案例：當工程師焦急地告訴任務領袖，引擎旁的O型環密封圈有問題，領導人卻把他們的警告視為任務啟動前的焦慮。在太空梭起飛過程中，本該密封在推進器內的氣體洩漏，引爆燃料，機上七人無一倖免。當工程師說出沒有人喜歡聽到的事實，領導人聽而不聞。「領導人不傾聽，其中一個原因是提供情報和掌控情況兩方之間的權力關係。」紐約大學史登商學院助理教授凱莉·西（Kelley See）接受《富比士》（*Forbes*）訪問時表示。

領導人為什麼不聽部屬的意見？根據凱莉的說法，這和歷史學家所謂的「屬下階層」（subaltern）概念相似，**屬下階層理論指出，創新想法通常不受重視，人們會傾向於維持現狀而貶抑新想法，而提出新想法的人就成了屬下階層**。屬下階層研究者指出，我們很難採納出人意表的新觀念，當我們接觸到不符合當今文化或經濟現況的資訊，會心生抗拒。當演說者說到超乎我們預期的創新事物，我們會選擇閉上耳朵，無法將他傳遞的新訊息聽進去；當我們聽取屬下階層的意見，通常會扭曲他們的原意來符合我們的成見。只有在災難發生時，我們才會認真思考屬下階層的說法，頓悟他們說的和我們原先設想的不一樣。

權力大於專業

在現今的各種組織裡，壓抑異議是普遍現象，領導人聽到部屬提出的新點子，可能會將新想法歸類為「失敗」或「已經存在」。為什麼要這麼做呢？原因不只一個。把部屬的想法歸到某一個類別，就彷彿自己有權控制這些想法，維持自己的權勢於不墜。有些領導人不喜歡自己無法理解的新點子，把新點子歸類成「已經存在」，是為了說服自己可以理解這些新想法。實際採用新點子通常是大工程，有些領導人會選擇安於現狀，省掉麻煩。

領導人與聰明部屬之間的權力差距，使領導人有權漠視聰明部屬的建議，甚至有研究顯示，有權有勢的人比較不願意傾聽別人的意見。位居上位的領導人經常忽視新進員工的建議，也經常忽略專家的建言，他們對自己的判斷太過於自信，而且認為提出意見者與自己是競爭關係，擔憂部屬的新發明會突顯自己的無能，進而被部屬取代。

同一篇研究也顯示，無論是新進員工或專家，只要認為自己沒有權力，就會仔細衡量其他人的建議，尤其是來自掌權者的意見——就算掌權者並非相關領域的專家。一個人在別人眼中的形象很重要，比起他是否專業，旁人更在意他手中是否握有權力。

眾聲喧嘩

既然不聽部屬意見可能導致嚴重後果，為什麼領導人鮮少增進自己的傾聽能力呢？原因之一是，領導人手上握有愈多權力，出錯時愈不須承擔後果。有權勢的領導人比較難被說服：另一篇關於傾聽的研究顯示，掌權的領導人不會去留意他人的想法，因為不希望做決策時受到束縛。領導人不認為有必要理解團隊成員的心思，他們不在意，是因為不用承擔後果。

一旦領導人在組織裡掌權，他可能沒諮詢過專家就逕自做決定，因為對有權勢的領導人而言，犯錯付出的代價不大。最高權力的領導人缺乏在做決策前多方蒐集資料的動力，也比較不會去傾聽他人對決策的意見，只要組織能存活，高層主管就能仗著權勢逃避犯錯的代價。但總有一天他們會發現，再多的權勢也無法挽救愚蠢決策對組織造成的傷害。

主管的位階愈高，他做的決策可能愈糟糕，而且要結果浮現時才會被發現。不聽取他人意見導致的爛決策，最終可能會摧毀領導人的權力基礎，導致組織走向末路。

一旦上位當了領導人，你可能開始忽視他人的意見，所以必須想好避開陷阱的策略。前面提到有研究顯示，人會被權力沖昏頭而聽不進他人的建議，這篇研究還提到另一項實驗，結果顯示我們都能透過學習更懂得如何傾聽。研究人員讓掌權的領導人與提供意見者彼此有相互合作的感覺時，領導人會更願意聽取建議。

在這樣的前提下，員工旅遊和那些可笑的團康活動其實也沒那麼愚蠢，當你建立了團隊的合作默契，也是為聰明部屬樹立典範，他們會更努力為團隊付出，彼此也更願意互相傾聽。

好的領導人會建立正式的討論流程，讓所有成員仔細傾聽他人的想法，並採納最好的意見；優秀的領導人能採用同樣的方法，讓整個團隊裡的聰明部屬互相配合。

如何判斷自己有沒有傾聽？

我會用幾種方法防止自己對他人的話充耳不聞，例如在別人發表意見或開會時做筆記，現在幾乎人手一臺平板，把平板帶進會議室寫筆記對我來說很便利。

筆記寫得多好，就代表我聽得多認真。我會把筆記寄給自己，存在行事曆裡頭，方便往後迅速回顧任何一場會議的重點。憑腦袋記住的口頭約定通常都對自己比較有利，待我回頭看筆記時，才驚訝地發現與實際內容有落差。

傾聽的另一個重點在於提出有意義的問題，對談期間偶爾會有停頓，無妨，這表示你們在消化對方剛才所說的話，而不是憑直覺回應。乍聽之下，沒有任何停頓的快問快答令人振奮，但這種交談方式不適合傳達深層想法，停下來咀嚼對方說的話、在回應前花一點時間思考，才是真正有效的傾聽。

如果對方還沒說完，你就開始思考該如何回應，這表示你並沒有認真聽，只是用有如《魔鬼終結者》機器化的自動回覆來敷衍對方，沒有專注傾聽對方要說的話。

那麼，你到底有沒有認真把對方說的話聽進去呢？最好的自我檢測方法，就是確認自己在這場談話後有沒有採取作為。聽取團隊的建議是建立優秀團隊不可或缺的一環，聽取建議的目的，是要讓他們知道自己的聲音有被聽見，改善你們之間的關係。聰明部屬看到你採納他們的意見而改變做法，會覺得自己受重視，工作起來更有動力。

傾聽的方法

我們都很善於在對話中敷衍對方，但對話的參與程度就有如光譜一樣，一端是零參與，另一端則是積極地問與答，雙方都從中受益。我受菲利普·亨塞克（Phillip Hunsaker）與安東尼·亞歷山大（Anthony Alessandra）寫的《互動式管理的藝術》（*The Art of Managing People*）啟發，微幅修改傾聽者的類別，成為比較符合聰明部屬領導人的四種類型：不傾聽者（Non-Listener）、假裝傾聽者（Pretend Listener）、交易型傾聽者（Transactional Listener）、創意型傾聽者（Creative Listener）。

不傾聽者

不傾聽者只顧著和自己對話，對這種人說話跟沒說一樣。不傾聽者想從對話中得到自尊，不在乎對方是否能從談話中有所收穫，並會不時打斷對方或把話題轉移到自己身上。他們也可能突然結束對話，而且一定要下最後的結論。領導人愈喜歡把權，權力握在手上愈久，愈可能淪為不傾聽者。如果領導人長年位居某個職位，他可能連自己沒在傾聽都沒察覺。

假裝傾聽者

假裝傾聽者在對話期間只用了一部分大腦來傾聽，因為不專心，可能會說出一些荒謬或不相干的話。他們大部分的心思都移轉到更吸引他們關注的事情上（像是不久後要去巴塞隆納度假），所以會用點頭表示贊同，並不時說些鼓勵對方繼續的話。

假裝傾聽者平時都採用「自動駕駛模式」，唯有聽到吸引他們的關鍵字——例如「獎金」或「升官」——才會突然豎起耳朵。他們選擇性參與對話，經常誤解別人的意思，還會胸有成竹地說：「你上次明明說要……。」

交易型傾聽者

大部分人都是交易型傾聽者，如果我們預期自己能從對話中受益，就會仔細傾聽。我們傾聽與評判對話內容，卻沒有透過對話與對方產生連結。我們以自己的方式參與對話，我們的意見是基於對談話內容的詮釋，而非對方真正想表達的意思。

這種類型的傾聽者是在用時間換取資訊，但只想得到自己所需資訊，重點在於有所收穫。交易型傾聽者如果在對話中有來有往，是因為他們潛意識中在討價還價，盡力在換取對方掌握的資訊。這種傾聽者野心勃勃，貌似關心部屬，實際上並非如此。

創意型傾聽者

創意型傾聽者能在任何對話中發現新事物，增加對方言談的價值。他們全神貫注在對方的用字遣詞、語氣的抑揚頓挫、肢體語言，甚至是面部表情，藉此判斷話題對說話者有多重要，並在回應前先消化對方想表達的意思。

創意型傾聽者的回應通常有意義且獨具一格，不會不經思索就給答覆。他們回應的焦點也不是自己，而是對方對於話題的想法。他們的回應令人安心，具有鼓勵效果，他們希望對方敞開心扉，提出與話題相關、而且是最棒、最有創意的想法。

創意型傾聽者和聰明部屬談話後最能有所收穫，因為他們讓部屬用自己的方式表達意見，聰明部屬可以自由發揮，把創意能量開到最大。真正傑出的點子都是在這樣的對話中誕生。

我父親曾和研究伙伴一起發現一條科學公式，計算如何讓火箭或其他太空載具在不將燃料燃燒殆盡的情況下重回大氣層，他告訴我，這條公式的發現要回溯到他和加利福尼亞理工學院的雷斯特·里斯（Lester Lees）教授兩人的某次對話。當時，他們在談論與太空載具重返大氣層無關的話題，但里斯的一句話引起父親的共鳴，父親開始離題追問下去，最後他們用創意聆聽發現公式的基本架構。

創意聆聽的方法

你要熟練創意聆聽才能有效管理聰明部屬，你可以採用下列方法和他們建立連結。

直視對方。當你直視一個人，心思比較不會亂飄，而且可以留意到對方的臉部表情與肢體語言。雙臂抱胸或蹺腳，表示他可能感到不自在，或者戒心比較重，他也許和你意見相左卻不敢直言；如果對方不敢直視你的眼睛，也許他在粉飾事實或為自己的言論感到不確定，但也可能是他原本就不擅長與人相處，很多聰明部屬都有社交障礙，你必須熟練觀察對方的言行舉止，才能判斷他究竟是想糊弄你，還是單純感到不自在。

盡力讓對方感到自在。讓對方知道你有在聽，等於是告訴對方你重視他，也重視他的言論。由於你位居領導人的高位，部屬——尤其是不擅長社交的部屬——和你說話可能會感到焦慮，用言語鼓勵他，適時點頭示意他繼續說下去。建議你別坐得離他太近，記得維持開放的肢體動作，不要交叉雙臂或雙腿，面向著他，用中性不帶批判並具有鼓勵意味的語調給他回應。

就對方的談話給予回饋。在對話中，透過總結對方到目前為止的說法（例如：「就我的理解，你想表達的是……」）並提出問題（例如：「如果真是……那就表示……嗎？」），引導對方深入闡述他的想法，提問就是表明你有在傾聽，能讓聰明部屬全心參與對話。你的提問也許能開啟新境地，把對話引導至等待你們突破的僵局，或許能激盪出別人未曾想到的新點子。

用問題鼓勵對方，引導他開始腦力激盪。如果雙方能往返提出天馬行空的想法，部屬就會開始發想解決問題的新方法，雙方愈聊愈亢奮，說不定就能突破現有的框架。

別批判對方的意見。一旦你批判某個想法的價值，對話便會中止，創意也會被你扼殺。在提出做總結的問題前，先給對方充裕時間說明想法。

盡量別插嘴，就算彼此沉默也無所謂，你可以利用這個空檔消化對方的言論，對方也可以趁機整理思緒。

在對話時運用上述方法，對方就能感受到你的重視與誠意。要是不打從心底尊重對方，上述的創意聆聽法就難以發揮作用，你會淪為交易型傾聽者，時時心繫參與對話能得到什麼好處。

創意聆聽就是把聚光燈打在發表意見的人身上，你認為他的話值得用心傾聽，於是將最珍貴的資源——你的專注力——投注在他身上。你不是要用時間換取等價或更高價的事物，你能從對話中得到什麼並不重要，重點是讓對方充分表述意見，成為一個讓對方不緊張、不焦慮的傾聽者，即使他說錯話也沒關係——這份自由才能引爆他的創意。

創意聆聽如何提高生產力

當你成為創意型傾聽者，一定能感受到聰明部屬的創新能力有所提升。雙方積極參與對話可以強化士氣，做決策前請團隊成員發表各自的想法，專心傾聽他們的意見，他們會覺得自己是任務不可或缺的一部分，認為自己該為決策的成果負起責任。這樣的團隊關係等於是認可聰明部屬的才華，讓他們覺得可以掌控自己的未來。

任何公司都希望找到天才型員工，研發新科技、新產品，在這樣的大環境下，你愈能培養自己和團隊成員的默契，愈能吸引人才長期留在團隊。**創意聆聽能留住更多現有員工，也能吸引更多新血加入。我在員工離職前和他們進行最後一次面談，最常聽到的離職原因是主管沒有傾聽他們的意見**。請見圖 5.1。

部屬覺得沒有人要聽他說話，就不會再提出新想法，他會愈來愈孤立，不再跟別人產生有意義的互動。在這種情況下，部屬除了在團隊中的參與程度會直線下降，生產力一落千丈，工作情緒也會愈來愈低落。

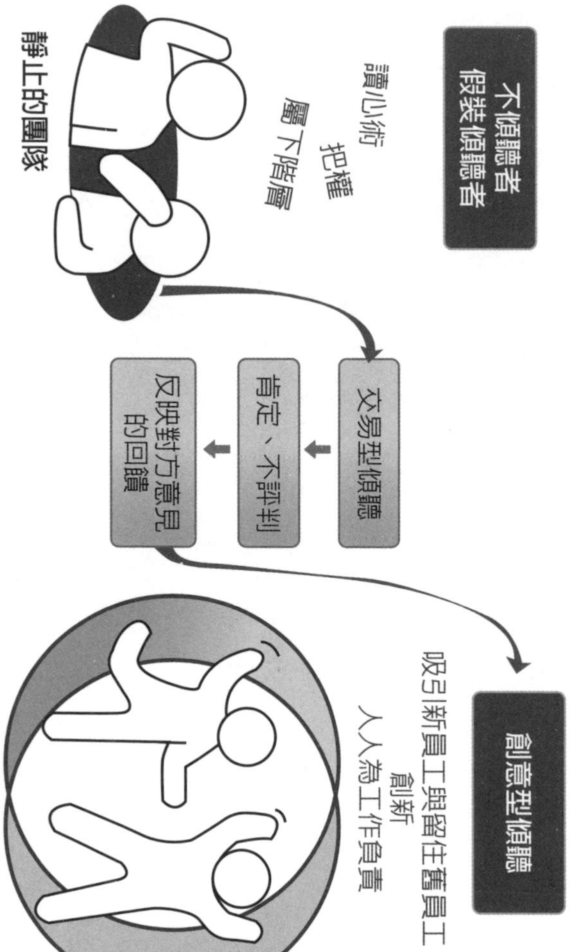
不傾聽者
假裝傾聽者
讀心術
把權
屬下階層
靜止的團隊
交易型傾聽
肯定、不評判
反映對方意見
的回饋
創意型傾聽
吸引新員工與留住舊員工
創新
人人為工作負責
靈活的團隊

圖 5.1

懂得傾聽他人意見的領導人能預防許多衝突，這樣的領導人像是團隊中的蒸氣閥，即使僅是允許部屬發洩情緒，也能預防危機。領導人除了扮演蒸氣閥的角色，還必須兼任齒輪間的潤滑油，防止部屬之間發生摩擦，避免不滿引發的衝突。

我在數十年前修習過醫療法課程，當時授課的律師告訴我們，醫師常因醫療疏失被告上法院，但被告的主因並非醫療結果，而是病患認為醫師沒有認真傾聽他們的說法。授課律師接著說，只要醫師能聽病患描述病痛，陪伴他們度過那段難熬的時期，其實就能避免吃官司。

醫師給人的印象就是「不善傾聽」，許多醫療照護上的疏失，皆肇因於醫師沒有仔細聽病患或其他醫師說的話。我的部門一直很努力練習創意傾聽，不僅仔細聽取病患的陳述，在動手術、做實驗或討論案例時，也會多花一點心思傾聽彼此的意見。

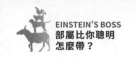

本章一點通

做決策前，先問問會受決策影響的聰明部屬有何意見，如此一來，他們也會為這個決策負起責任。

第六章

守則4

透明化領導

「當你翻起石頭，看見在石頭下方蠕動的東西，你可以選擇把石頭放回去，也可以說：『把石頭翻面，直視這些蠕動的東西是我的工作。』」必能寶公司（Pitney Bowes）前任副總裁福瑞德．普杜（Fred Purdue）曾對作家詹姆．柯林斯（Jim Collins）這麼說。

翻起石頭，讓所有人看見藏在石頭底下的醜陋生物，是帶領聰明部屬的基本工作之一。聽我這麼說，你也許覺得沒什麼大不了，但實際上，把事情醜惡的一面攤在眾人面前，是一件丟臉、可怕、有時甚至會令你損失慘重的事。

反過來說，若你有所隱瞞，不把決策的相關資訊坦承告訴團隊成員，這些祕而不宣的祕密就會有如幽靈般，在你的團隊裡徘徊不去，隨時都有可能影響組織的未來發展。掩蓋資訊會讓事情不斷惡化，直到真相浮出水面再也無法隱藏。我帶領聰明部屬遇到的諸多問題，都是源自領導人保留資訊或欺瞞團隊。

避免優秀團隊失能的最佳方法，是讓所有成員看見你腦中蠕動的東西。祕密催生出問題，透明化領導才是解決問題的關鍵；真相能減低外在攻擊對你的傷害，以免你在未來遭人揭瘡疤。俗話說得好：「巧偽不如拙誠。」

弗萊茲的「蠕動異物」

在普林斯頓高等研究院創立初期，弗萊茲的決策都是公開、透明，凡是影響範圍較廣的決策，尤是聘僱問題，他都會請教職員的意見。他沒有隱藏資訊的私心，且知道自己並不是科學家，所以總是樂於聽取職員的建議。起初，弗萊茲每有聘僱上的疑慮都會向愛因斯坦請益，幾乎把愛因斯坦的建言奉為聖旨。他也經常召開職員會議，討論團隊發展的新方向與遭遇到的難題。

弗萊茲會邀請職員到他位在加拿大的避暑小屋，和他的家人一起度假，與許多職員建立了情誼，使他們的溝通更加透明化。在高等研究院創立初期，弗萊茲深知自己必須主動邀請成員提供意見並傾聽，他向全美各地的科學家討教，也花了無數個鐘頭傾聽高等研究院幾位元老級職員的建議。

然而，伴隨著經濟大恐慌而來的金融問題日益加劇，加上班伯格兄妹未能有效地運用捐贈基金幫助高等研究院持續進步，弗萊茲的作風愈來愈不透明。到了一九三七年，他做決策不再詢問他人意見，制定的決策經常出人意表，卻未向職員或高等研究院理事會說明緣由。

高等研究院數學院的院長奧斯瓦爾德・維布倫（Oswald Veblen）曾數度要求弗萊茲蓋一棟專屬高等研究院的工作空間，讓數學院遷出與普林斯頓大學數學系共用的大樓，弗萊茲斷然拒絕，卻沒有說明令他頭痛的資金問題。當時，弗萊茲正努力說服班伯格兄妹繼續資助高等研究院。

維布倫對弗萊茲面臨的困窘情況毫不知情，因為弗萊茲沒有將事情對外說明。也許他認為坦承自己遇到的資金問題，等於將自己身為領導人的缺點攤在眾人面前，但事實上，對於高等研究院的經費問題祕而不宣，不跟任何人商討重大決策，才會傷害他和他領導的團隊。

「高等研究院職員的工作地點」是最早令職員對弗萊茲心生不滿的議題，後來甚至演變成全面反動。弗萊茲沒向維布倫解釋他的考量，維布倫認為被拒絕的理由不夠具有說服力，認為弗萊茲沒有仔細傾聽他的建議（請回顧守則三）。

弗萊茲的不透明領導持續衍生新問題：他在高等研究院成立經濟學院後，聘請幾位教授加入新學院，弗萊茲打算在退休前說服他賞識的學者加入高等研究院，於是給予他們的待遇高於現有職員的待遇，罔顧薪資公平性。

問題在於，弗萊茲並沒有向理事會與其他職員說明薪資不平等的原委，他們並不知道高等研究院的經濟狀況如此拮据，弗萊茲的解釋是，歐洲許多學術機構發給相等職位的薪資也不見得相同。這理由聽在資歷較深、薪水卻較低的職員耳裡，徒增反感。

弗萊茲表面答應會公平支薪，卻持續用較高的薪資聘僱新職員。直到一位理事成員寄信給全體員工揭露薪資不公的事實，先前被蒙在鼓裡的人才發現薪水有兩個不同等級，有些人揚言要離開高等研究院，有些則是積極要求理事會開除弗萊茲。

私心的陷阱

即使是天才，也難逃他人私心布下的陷阱。二次大戰前，愛因斯坦因為反對德國法西斯主義而揚名國際，有些共產主義領導人想利用愛因斯坦達成自己的目的，他們出聲表明反對法西斯主義，藉此拉近和愛因斯坦的關係，利用愛因斯坦的聲望成就他們的政治企圖。歐洲共產黨甚至偽造愛因斯坦參訪蘇俄的照片，散布謠言說他是蘇聯共產黨的國際組織——第三國際（Third International）——成員。

公開承認自己是共產分子的英國人海萊特・約翰遜（Hewlett Johnson）在愛因斯坦離開德國後，邀請愛因斯坦把他的鄉村別墅當成辦公地點，似乎沒意識到身為共產分子擁有鄉村別墅是多麼矛盾的一件事。他在邀請函中讚賞愛因斯坦「為和平所做的努力」，對共產主義者來說，這句話的言下之意即在鼓勵所有國家轉型成共產國家，以此得到和平，愛因斯坦若接受邀約，就等於用行動支持英國共產黨。

愛因斯坦確實參與過阿姆斯特丹的一場和平會議，但他不知道會議主辦人是荷蘭共產黨，當有人告知他此事，他說：「我只知道那是一場和平會議，沒想到要深究主辦人的背景。」

愛因斯坦反對所有形式的極權主義，有人指控他是共產黨員時，他極為惱怒，隨即去信給《倫敦時報》（*Times of London*）與《紐約時報》，聲明：「我迄今從未和第三國際有任何關係，也從未造訪俄羅斯。再者，照片中聲稱是我的人和我一點也不像，顯然是有人為政治目的而造假的照片。」

天才過於專注自己的工作和興趣，不容易察覺自己被利用，但一旦發現自己被蒙在鼓裡，就會極力反彈、不輕言罷休。

欺瞞的代價

等到欺瞞的事情被揭穿，你的信用就會宣告破產，更糟的是，謊言會自行增生，這些言論沒有事實根據，隨著時間過去、視角變換，你必須不停設法掩蓋事實，用更多謊言來圓謊。它們會像條蟲一樣寄生在你的組織，吸取團隊的精神與能量。領英公司（LinkedIn）執行長傑夫・韋納（Jeff Weiner）曾說：「我學到的教訓是，透明化作風能促成良性循環，欺瞞只會造成惡性循環。」說謊比說實話更費工，被揭穿的代價也遠高於坦承事實。

我曾詢問過美國四百九十一所醫學院的院長，他們期望領導人具備什麼特質？最常聽到的答案是：清廉誠實。聰明部屬需要領導人對他們誠實守信。

混亂模式的領導

很多組織的領導人會藏匿資訊，因為視資訊為權力來源，有些人甚至相信保密是他們在組織裡存活的關鍵。欺瞞讓領導人有任意變更任務目標與製造假危機的空間，使團隊中的聰明部屬無所適從，在這樣的團隊裡，唯獨領導人自己了解危機，唯有他能掌握權力。我稱這種領導方式為「混亂模式」，混亂模式會剝奪部屬對任務的熱情，減損團隊的生產力。

欺瞞，無異於把攻擊你的武器交給反抗你的人。透明化領導能解除危機，謊言只會提高你和他人起衝突時必須付出的代價。

採用混亂模式的領導人必須不斷提高賭注、增加風險，否則團隊會發覺真相，這就是為什麼謊言會催生更多謊言。愛因斯坦曾說：「無法誠實面對小事的人，更不可能誠實面對大事。」

我想表達的重點並不是「別讓他人拆穿謊言」，現今的社群媒體與手機錄影十分發達，聯邦法規更獎勵檢舉或幫助檢方起訴詐欺者的人部分或全額罰金，許多員工會毫不猶豫地揭發僱主的惡行，你很難保住祕密。維基解密（WikiLeaks）就多次證明了這件事，特別是在二〇一六年美國總統大選期間，總統候選人柯林頓（Clinton）在電子信件中辱罵黨內初選的競爭對手伯尼・桑德斯（Bernie Snaders），結果信件被公開，他的言論被攤在大眾眼前。我想表達的是，欺瞞的代價太高了。

有研究顯示輝瑞大藥廠（Pfizer）生產的止痛藥 Valdecoxib 可能提升心臟病罹患率，輝瑞卻在銷售藥物時掩蓋資訊，為了讓醫師開 Valdecoxib 和其他三種藥物的處方，暗地裡花錢供醫師去度假。後來輝瑞因 Valdecoxib 等商品標示不實而遭起訴，付了二十三億美元的和解金，這還不包含和解相關的罰鍰。

美國有許多企業因商品標示不實而支付和解金的案例，但輝瑞大藥廠的和解金破了最高紀錄。剛遭起訴時，輝瑞否認並與起訴方抗辯，代價因而愈來愈高，如果一開始就坦承錯誤，想辦法預防類似案件再度發生，也許就能省下好大一筆錢。不過，跟輝瑞慘跌的股價相比，這筆和解金微不足道，在訴訟期間公司的股票市值跌逾一千億美元，加上有管理不當的嫌疑，必須面對冗長又昂貴的股東代表訴訟。

金錢會誘使我們藏匿不利的證據，特別是可以證實產品有瑕疵的數據資料，但到最後，欺瞞只會導致更昂貴的代價。舉例來說，菲利普莫里斯國際公司（Philip Morris）的兩位科學家維克多・德・諾卜博士（Dr. Victor De Noble）與保羅・梅萊博士（Dr. Paul Mele）想發表研究，讓世人知道尼古丁會上癮，公司不僅禁止他們發表論文，還因為研究結果有礙香菸的銷售，隱瞞了相關的數據資料，不讓世人知道香菸的尼古丁成分會使吸菸者上癮，吸菸者持續抽含有焦油的香菸，也可能致癌。公司蓄意掩蓋真相，最終不得不付出破紀錄的高額和解金。

社群媒體與網路搜尋引擎已入侵所有的商業活動，即使不願意，你還是會被迫透明化。我們如今生活在「口碑經濟時代」（reputation economy），誠如媒體人克萊夫・湯普森（Clive Thompson）在接受《連線》雜誌（*Wired*）訪問時所說：「Google不是搜尋引擎，它是經營口碑的系統，這也是為什麼很多企業執行長行事更加透明。在網路上，你的口碑可以量化、很容易被搜尋到，而且你完全無力抵擋。」

趁早接受透明化的趨勢吧，由於資訊科技的蓬勃發展，跟你公司相關的外部經濟效益也會和公司畫上等號，你無法否認自家公司對環境、對社會造成的影響。

輝瑞和菲利普莫里斯公司為何要保密？因為它們沒能認清現今的社會大眾可以掌握

每家公司的外部經濟效益，還能把它們歸因於特定的公司和產品。

前瞻性的透明化

在此，我要提出一個現今高科技組織極為少見的概念，那就是「前瞻性的透明化」（proactive transparency）。在別人提出要求前，自行翻開石頭，想想哪些資訊很重要，並在做決策前主動提供這些資訊，不要等與決策相關的人前來提問，更不要等傳票送上門才後悔自己不該欺瞞。

透明化經營與史蒂夫．賈伯斯的經營模式截然不同，賈伯斯從不透露蘋果後續的發展方向，這在競爭激烈的科技業界情有可原，他連對自己的團隊也會保密。許多科技業者見賈伯斯與蘋果如此成功，於是仿效同樣的方式經營企業，**但這種經營模式風險極高，領導人必須運用個人魅力——而不是共同價值觀與目標——防止團隊化為散沙。**

我寫這本書的目的，是幫助你用正確方法建立菁英團隊，即使領導人換成別人，這支團隊依然可以很有效率地運作。書中的種種管理方法可以提升團隊長期的創新能力，即使你離開管理職位，也無損團隊的出色表現。

請主動把資料和分析數據與團隊分享，傾聽他們的意見，然後參照他們的想法共同制定接下來的決策。如此一來，聰明部屬便能參與討論，一起腦力激盪如何解決問題。

透明化領導並不僅止於主動提供數據，與做決策前傾聽部屬意見，我建議你讓聰明部屬參與「提問」階段的討論。領導人做決策時經常偏離重點，聰明部屬能幫忙檢視決策是否適用於當前的問題。

透明化領導表示你必須鼓起勇氣，自願交出你對團隊的部分控制權。運用這種領導方式，菁英團隊的領導人必須有辦法找到一個平衡點，這得冒點險，也有點難度——冒險，是因為透明化領導會讓你感到不安；困難，是因為你不知道什麼資訊和決策有關，如果選錯向團隊公開的資訊，就會顯得你有所隱瞞，如果提供過多資訊，做決策時又很可能失焦。

如果你有私心或雙重標準，肯定難逃聰明部屬的法眼，他們會把你的行為公諸於世。如果你有所隱瞞，不把做決策的緣由告訴部屬，傳遞出來的訊息就是：我懂的比部屬多，他們無法對我的決策過程做出任何貢獻，就算我把緣由告訴部屬，他們也無法領會。這樣的心態與工作環境只會加深你和部屬之間的不信任，減損團隊的創意。

透明化的回報

領導人必須肯下工夫才能做到透明化領導，你得花很多時間解釋為何帶領部屬朝某個方向前進，但這些努力都會有所回報。透明化領導能帶來諸多好處，列舉三項如下：

1. 使團隊更加融洽。
2. 避免你犯錯。
3. 有助於解決問題。

接著來進一步探討透明化的三大優點，並將它們分成更小的細項。

使團隊更加融洽。領導人如果傾向於保持神祕，會導致部屬疏離。當領導人能公開決策資料與相關數據，並說明背後的思考脈絡時，團隊才能提高生產力。

在一篇匹茲堡大學（University of Pittsburgh）關於領導方法的研究中，研究者觀察了募款團隊的慈善捐款，他們詢問參與實驗者想不想在捐款前知道領導人捐了多少錢。結果九九%的人都希望先知道再捐款，而且事先得知領導人捐款額度的團隊成員，捐款金額都較高。

對聰明部屬有所隱瞞，就是將他排除在團隊之外；隱藏自己做決策的理由，就表示你認為部屬無法在過程中有所貢獻，甚至認為他們不了解決策過程。聰明部屬通常對自己的才智最有自信，當領導人無視他們的強項，自然會引發不快。換言之，當你請部屬參與決策，就是認可他們的才智，把他們當成可以理性溝通與被說服的同儕。

強化對領導人的信任。即使你的決策最後未能得到多數人贊同，只要你曾讓聰明部屬參與決策，他們就會一起為決策負責，讓你在繁複又煩心的決策過程中有所依靠。

你的決策也許對團隊的某一部門有害，但對團隊整體有利，只要你事先提供數據資料、與團隊成員共同商討有沒有達到同一目標的其他方法，就能將整個團隊納入決策過程，資源被限縮的部門感受到的不便，其他人也能感同身受。

理想的情況是，在經過團隊的共同討論後，資源遭限縮的部門會因為參與決策，和其他成員一起探索過不同的可能性，因此比較不憤慨。你的決策過程和做法都是公平、公開，或許下次這個部門能分配到較多資源與利益。這種決策方式等於昭告所有人，你心思細膩，並且不會妄下決定。

消除猜忌與流言。在透明化的環境裡，每個人都可以客觀地檢視團隊的未來方向，部屬可以自行衡量利益得失，每個人都和你經歷相同的思考歷程。如果團隊得到和你一樣的結論，他們就會更加信任你，當然，他們也可能找到更好的方法。

透明化領導在高壓的情況下尤其重要，如果能釐清相關資訊，在做決策前詢問部屬的意見，所有成員就能朝同一個方向前進。上一章曾提過，讓團隊參與決策過程，他們就會扛起決策的責任，面對困境也比較可以保持團結。

透明化作風影響深遠，它能幫助團隊建立默契，沒有人會覺得不受尊重。透明化領導人必須仔細權衡每一個想法的利弊與每一位成員的能力，若團隊認為你提出的解決方案不夠理想，你不能亂發脾氣；成員決定重新分配某一部門的資源或人力時，受影響的成員也不能發火，因為每個人都有公平的發言機會，可以說服其他人。

提升效率。反動性透明化（retroactive transparency）指的是領導人不得不退回原點，重新啟動決策過程，讓先前沒得到資訊的人加入討論，這會大幅拉長做決策與實施新作法的時間。我建議的前瞻性透明化就沒有這個問題，從一開始便讓聰明部屬加入決策過程，你可以客觀地審視每個成員的強項，評估這些專長適不適合當前的問題，有助於提升之後解決問題的效率。

這也表示你必須說些難以啟齒、不中聽的話，記得在直來直往時保持禮貌。愈是難以啟齒的話，愈要以尊重與禮貌的態度說出來。真正的透明化，是成員和領導人彼此卸下防衛，把自己脆弱的一面攤在他人面前。

避免犯蠢。當你說明自己做決策的準則，就是允許其他人檢驗你的推論過程並指出錯誤，避免你因為自己沒有意識到的偏見而犯錯。

邁向透明化

透明化管理並非一蹴可幾，除了工作分量加重，還可能因為別人濫用你提供的資訊而受害。更有甚者，也許你願意開誠布公，部屬卻沒這個意願，如果你是取代了受人愛戴的前任主管，更有可能發生這種情況。部屬會看著你，想著前任主管，懷念之情會使你在他們眼中顯得不適任，此時最好的過渡方式就是雙方公開對團隊的目標許下承諾，畢竟共同的價值觀是團隊合作最好的基礎。

又或者，團隊成員可能無法放下成見，進行有效的自我評估。此時，提供再多資訊也無法促使團隊進步，數據改變不了他們的成見，他們可能是彼此感情太好，也可能是不知如何反抗主流意見。

要從隱匿資訊的團隊轉型成透明化團隊，領導人必須以身作則，率先分享數據與你對數據的分析，大方面對可能的質疑，有錯就勇於承認。如果你習於對人說實話、不扯謊，自然就不必見風轉舵，見人說人話。每個人在分享資訊時都有粉飾自己的傾向，也習於對別人說對方想聽的話。

你會面臨一項困難的挑戰：判斷每個團隊成員需要何種程度的透明化，才能使生產力最佳化。決定要對誰公開資訊是個難題，你可能會把資訊分享給錯的對象，擴大了透明化的範圍，受決策影響的人在看見資訊時會進行篩選，只關注與自己有關的利益。

團隊在開誠布公時，免不了接收到令人聽了不快的訊息，你必須對此保持開放和冷靜的態度，不可遷怒發表意見的成員。你必須鼓勵與眾不同的意見，認同它們的存在，你便能得到愈多不同視角的人提出的建議，愈有可能找到最適當的做法。**你和團隊成員透明化地溝通，營造一個鼓勵大家提出異議的環境，故此聰明部屬才能運用創意去探索，**這也正是這本書的目的。

前瞻性的透明化——以誠待人的態度——會感染他人，透明化會內化成團隊結構的一部分。你坦承自己的資訊分析不完善，採納別人的意見，有助於團隊中的創意成長茁壯，甚至減低批評意見者的攻擊性。當你發現自己犯錯，大方坦承，在團隊面前誠實評估犯錯的前因後果，如此一來，錯誤的波及範圍就能由你掌控。

先前提過，我去年調查了美國許多醫學院院長的意見，我問：主管如果公開承認自己犯錯，部屬對他會不會更有信心？**結果高達七七%的人表示，誠實的主管確實能讓部屬更加信賴。**

數年前，我的團隊和偏遠地區的一間醫院合作，為病人提供特殊照護，三年後，我們嚴重虧損，合作案無法持續進行。我在一場執行委員的會議上，帶領眾人逐項分析這項計畫哪裡出錯。

我們發現當初的很多假設都錯了，我們假設另一間醫院提供的人口資料正確，沒有自行蒐集資料；我們假設某個團體能控制介紹的轉診人次，但實際上並非如此，該團體確實依約協助執行計畫，但介紹轉診的病患人數並不多。除此之外，我們沒有留意到另一個與我們競爭的團隊。

那項計畫最重要的部分，就是失敗後的分析與討論。我和團隊成員一起檢視我的疏失，學習雙向透明化，團隊成員了解到他們可以自由發揮創意，不怕失敗後受處置。整個團隊可以同甘共苦，毫不留情地評量自己的表現。

你應該讓「透明化」內化成團隊工作的一部分，經常性地與不同客戶、產品使用者、顧問，甚至是競爭對手交流、溝通，從不同角度審視事態。你可以規定公司裡的每一個團隊主管開放時段和部屬自由議事，並架設社群平台，讓部屬提出建議或批評。另外，你可以把職場倫理納入員工訓練，自己領頭學習。

透明化的養成並非易事，你必須昭告員工把組織架構調整得更公開，將自由討論時段排入日程表，如此一來，「透明化」的概念才會深入員工的潛意識，他們才能超脫各自的性格，即使換了工作伙伴或主管也能繼續有效率地工作。這才是一支能走得長遠的團隊。

自我補強的透明化管理

走得長遠的團隊通常會反覆加強透明化，最終形成一個自我補強的循環。團隊愈重視透明化，翻開石頭的舉動就會帶來更多啟發、更多能量。圖6.1是自我補強循環的示意圖。

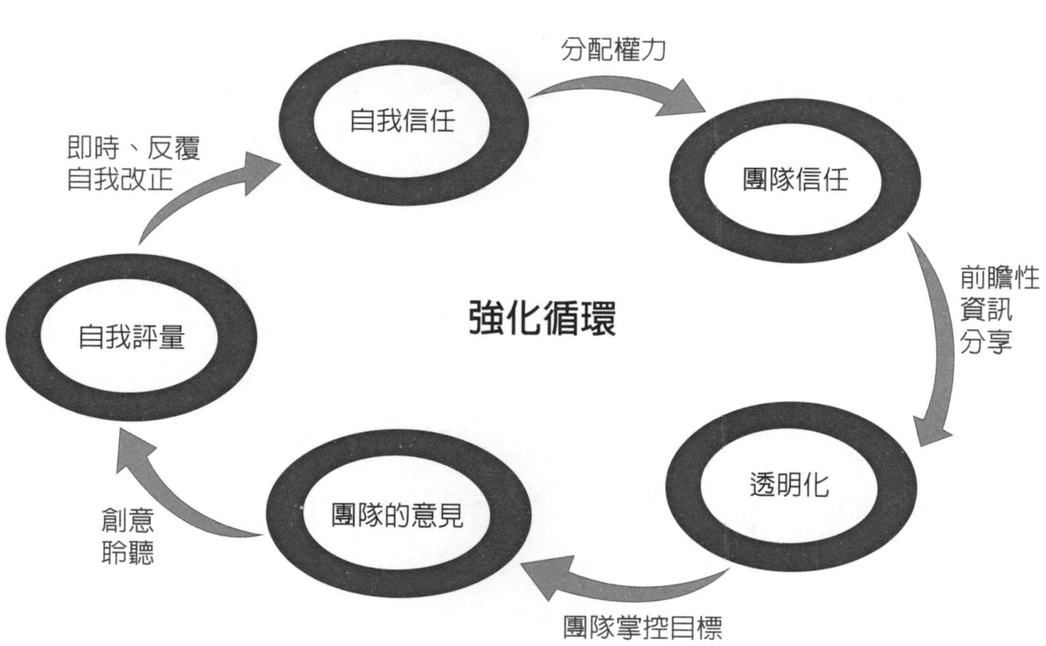
強化循環
自我評量
即時、反覆
自我改正
自我信任
分配權力
團隊信任
前瞻性
資訊
分享
透明化
團隊掌控目標
團隊的意見
創意
聆聽

圖 6.1

領導人在自省後對自己更有自信，也更能信任團隊，並開始授權給部屬。為執行任務分配權力必須以透明化為基礎：部屬覺得自己有權主導任務，會更願意為任務與目標負責，心繫任務的成敗，遇到問題也會盡心提出寶貴建議。團隊認同這項任務，完成工作時就能獲得更大的成就感。

最後，大家毫不留情地檢視團隊與個人的表現，完成透明化的循環。部屬針對任務目標發表意見，改變團隊的前進方向，堅不可摧的自我補強循環於是成形。

剛開始採用透明化管理時，領導人會因為揭露自身缺點、分享資訊縮減了和部屬之間的權力差距而感到不自在。然而，你提供的資訊——組織計畫、資源與人事資料——都是在增添聰明部屬的價值，授權給他們，賦予他們一展長才的自由。說到底，透明化管理能讓你成為更優秀的領導人。

不可諱言，就連天才也會有出錯的時候，你必須為此扛起責任。我的經驗告訴我，即使你得承擔為聰明部屬扛責任的風險，他們的創新與突破也會讓你值回票價。**菁英團隊的領導人如果認清自己的力量來自部屬的表現，就會大力推動雙向的前瞻性透明化。**

本章一點通

透過主管做決策前的透明化程度，就能掂量出他的領導實力。

第七章

守則5

煉金術比化學更管用

在科技繁複的時代，天才很難憑著單打獨鬥帶來科技或學問的重大進展，通常有賴多位人才互相合作。每個人都對團隊有重要貢獻，才能促成新發現或新事物的誕生。團隊成員的互動模式會大幅影響生產力，但天才型員工天生我行我素，早已習慣用與眾不同的方式思考，很難融入團隊。

說服聰明人才加入一支團隊，是十分麻煩的差事。如果你不顧他們的意願，迫使他們加入團隊，反而會影響他們展現創意，團隊整體的工作表現還不如個人工作表現的總和。有的團隊不但沒能幫天才一把，反而侷限了他們的創新能力，這樣的團隊生產力肯定不高。

「煉金術」是組成菁英團隊的一大重點，建議你採用非線性方式讓聰明部屬與其他成員交流，引發難以預測、甚至是混亂的互動。我把這種團隊互動稱為「煉金術」，因為如同把鉛變成黃金一般，團隊的產出可能遠大於一開始的輸入。當然，跟團隊成員才智的總和相比，產出可能大好或大壞。然而，只要能找到最適當的聰明部屬組合，就能激發創意與進步。

維布倫vs.愛因斯坦：巨人之戰

弗萊茲不時邀請各界頂尖人物參訪普林斯頓高等研究院，與職員交流互動，並檢視、評論職員的工作成果，這些傑出的科學顧問包含諾貝爾獎得主尼爾斯・波耳（Niels Bohr）、約翰・馮・諾伊曼（John von Neumann）與保羅・狄拉克（Paul Dirac）。諾伊曼與狄拉克對高等研究院印象深刻，後來更正式加入團隊。

可惜弗萊茲沒能意識到，聰明部屬性格之間的煉金術和他們的智力同樣重要，他以為把這些天才齊聚一堂就能造就神奇的進步，沒有考量每個人的性格。舉例而言，弗萊茲將愛因斯坦分配到由強勢的維布倫掌管的數學院，儘管愛因斯坦平時總是沉默謙虛，但全數學院唯有他不是維布倫親自挑選的成員，維布倫嫉妒他的聲望。

愛因斯坦是物理學家，維布倫是數學家，當時大部分數學家都頗為羨慕理論物理學家在過去十年獲得的名聲與威望。維布倫寫信給弗萊茲，指責愛因斯坦只把數學「當工具使用」；愛因斯坦也曾說：「我覺得數學家好像不想幫助我釐清事情，而是企圖讓我們物理學家知道他們比我們聰明得多。」

兩人理念與個性上的差異造成人事方面的爭執，減損了團隊的生產力。舉例來說，愛因斯坦有個德國的數學家助理瓦爾瑟・邁爾（Walther Mayer）。弗萊茲在聘請愛因斯坦時答應支付薪水給邁爾。愛因斯坦之所以選擇普林斯頓高等研究院，而不是加利福尼亞理工學院，正是因為弗萊茲願意支薪給邁爾。

到高等研究院之後，邁爾與其他數學家相處融洽，他們提供邁爾工作與演講機會，邁爾協助愛因斯坦的時間愈來愈少。最後，維布倫邀請邁爾成為正式的高等研究院職員，愛因斯坦因此沒了助理。

愛因斯坦要求另聘一名助理，負責支配數學院預算的維布倫告訴他經費不夠，並聲稱自己聘用邁爾是為了協助愛因斯坦，不必再另聘助理。幾年之後，愛因斯坦請維布倫延長他和布拉格物理學家彼得・柏格曼（Peter Bergmann）的合作期限，維布倫拒絕了。

一九三六年，愛因斯坦與波蘭數學家利奧波德・英費爾德（Leopold Infeld）研究如何運用公式表現重力與電磁波的關係，這是愛因斯坦多年來百思不得其解的問題，這次終於有所斬獲。此時納粹在波蘭的勢力逐漸壯大，英費爾德無法返鄉，但維布倫卻拒絕讓他正式加入高等研究院數學院。在一場數學院的職員會議上，愛因斯坦極力說服同仁，但最末仍功敗垂成，只能無奈地告訴英費爾德：「我告訴他們你很有才華，我們在進行的是十分重要的科學研究……但沒有一個人願意挺我。」

英費爾德為了賺錢與繼續居留美國而開始找工作，他用愛因斯坦提供的資訊寫了一部廣為人知的現代物理學史——《物理之演進》（*The Evolution of Physics*），非常暢銷，英費爾德當初如果繼續留在高等研究院，肯定賺不了這麼多錢。問題是，愛因斯坦再次因為與維布倫的摩擦而失去研究助理。

弗萊茲沒有幫愛因斯坦留住柏格曼或英費爾德，還讓維布倫限制愛因斯坦能使用的資源。維布倫太過於在意愛因斯坦在大眾眼裡的形象，這份妒嫉導致愛因斯坦失去助理，兩人的生產力都受到牽制。

最後，真正的輸家是所有人，愛因斯坦窮其一生都沒能破解結合重力與電力的公式，統一場論（unified field theory）迄今仍是科學界的未解之謎。如果當初邁爾、柏格曼或英費爾德能協助愛因斯坦繼續研究，到底可以迸出何等的知識火花？我們永遠都不會知道答案了。

共同目標是團隊的黏著劑

每個聰明部屬都有不同的個性，要讓他們團結合作並不容易，但你可以用共同目標把形形色色的成員牽繫在一起。臭鼬工廠（Lockheed Skunk Works）是冷戰時期極具創造力的一支科學團隊，聰明卻又專橫的航太工程師凱利．詹森（Kelly Johnson）把建造飛機所需的所有人才聚集在一塊，唯一要求是要他們造出一架飛機，沒有其他額外的限制。

詹森要求成員合力打造飛機，任何形式的飛機都行。他在團隊中納入設計師、冶金學家與電工，以免最後產出一架無法建造或安裝電路的飛機。

詹森嚴格管理團隊，對他們要求很高，但也盡己所能地保護他們，減少空軍官員的視察次數。他不聘用非必要的冗員，並支付高薪留住團隊成員，結果他的團隊打造出二次大戰後數十年最具代表性的數種飛機，包括F-104星式戰鬥機（F-104 Starfighter）、U-2偵察機（U-2 spy plane）與SR-71黑鳥式偵察機（SR-71 spy plane）。這些高科技機種突破了航太工程的技術與知識限制，詹森再怎麼聰明也無法獨力辦到，唯有仰賴一支菁英團隊才能完成如此浩大的工程。

詹森掌管臭鼬工廠時，正值蘇聯與美國劍拔弩張的時期，詹森告訴團隊，他們不只要建造飛機，更要保家衛國。這項共同任務使團隊變得更加強大，成員擁有相同動力、相同目標，一起工作時會變得更加團結。當一個團隊的成員為了相同原因、想達成相同目標而結合，他們就會密切合作，工作會充滿樂趣。他們聊到工作就像週六午後在後院喝啤酒、聊球賽一樣愉快。

愛因斯坦加入普林斯頓高等研究院後，弗萊茲一直沒給他明確的目標，忙著聘僱新血加入，幾乎遺忘了愛因斯坦的存在。愛因斯坦覺得茫然不知所措，他曾在社交場合打趣地說，他在高等研究院最主要的工作不是做研究，而是希望被看見。弗萊茲自認不夠格對愛因斯坦下指令，但愛因斯坦缺少目標，生產力自然不會提升。

團隊任務必須有足夠的挑戰性，成員完成任務時才會充滿成就感，但這也必須是一項可以做到的任務，不能讓成員在一開始就覺得希望渺茫。完成任務的回報不侷限於金錢，還必須有某種意義或重要性。聰明部屬希望賦予工作意義，用自己的才華改變世界，他們看到其他人受自己的工作啟發，會有形同被認可的感受。

任務達標會使團隊成員更有默契，把個性迥異的個人凝聚成更完整的團隊。當一群人才致力使目標化為現實，他們會發現，團結的力量勝於個人力量的總和。

逆境使團隊更團結

堅實的團隊情誼，是在成員一起面對逆境、排除障礙後產生。IBM發明個人電腦，卻沒發現真正的利多不在硬體，而在軟體，畢竟誰都能用低廉的成本複製硬體技術。不少公司開始販售比IBM電腦便宜許多的個人電腦，IBM在一九九三年虧損了八十億美元，在當時是史上最巨額的營業損失，IBM不得不解僱數千名員工。

在路易斯・郭士納（Louis Gerstner, Jr.）與後來的薩繆爾・帕拉米薩諾（Sam Palmisano）帶領下，IBM浴火重生，成為高科技服務的供應商，甚至在二〇〇三年將個人電腦生產單位賣給聯想集團（Lenovo），就此脫離個人電腦市場。IBM買下普華永道（PriceWaterhouseCooper）會計事務所，承包美國政府的雲端運算與資料存放工作，又買下兩百餘間資訊科技服務供應公司，成為全球最大的伺服器供應商。

ＩＢＭ團隊目標一致且企業認同感很高，才能克服災難，蛻變得更加強大。

惠烈－普克公司（Hewlett Packard Company, HP）——簡稱惠普公司——也在同時期面臨相同的問題，販售個人電腦且價格低廉的競爭者比比皆是，惠普內部人員為了是否該脫離個人電腦市場爭執不休。最後，惠普做了與ＩＢＭ截然不同的決定，他們在ＩＢＭ出售個人電腦部門的同時更努力地發展個人電腦，購入康柏電腦公司（Compaq）。惠普做了錯誤選擇，如今的資本淨值是ＩＢＭ的四分之一。

ＩＢＭ和惠普面臨相同的困境，ＩＢＭ變得更加團結、更有創意，用高風險的創新方式解決問題；惠普則更專注、更努力持續本業。兩家公司都存活了下來，但只有一家脫胎換骨變得更成功。

惠普與ＩＢＭ團隊究竟有何差異？答案是：ＩＢＭ願意賭上公司前途，因此可以不受侷限，開創自己的一片新天地；惠普傾向於保守做法，選擇繼續採用過去的成功方法，限制了面對困境時能嘗試的新可能。

面對困境時，ＩＢＭ掌握了主導權。郭士納與帕拉米薩諾表示，過去的ＩＢＭ進展緩慢，沒能察覺市場與科技業正在迅速改變，當ＩＢＭ掌握了困境的主導權，才真正開啟解決問題的程序。

關於團隊的迷思

一般人對「團隊」有特定的認知，但這些認知並不符合成功團隊的運作模式。我們盲目地接受各種對於團隊的誤解，未能察覺哪些事物才能使團隊更團結、更有生產力。這些迷思包括：

迷思1：快樂的團隊生產力一定比低氣壓的團隊高。我們之所以相信這句話，是因為管理快樂的團隊比管理低氣壓的團隊容易。哈佛大學的J．理查德．哈克曼（J. Richard Hackman）曾研究交響樂團團員的心情與表現是否呈現相同模式，卻發現快樂團隊的表現不見得比較好。哈克曼的研究顯示，微怒的音樂家合奏時，表現得比開心的音樂家好一些。哈克曼的結論是，**工作前與工作時的心情並不能用來預測工作成果，真正重要的是完成工作後的心情**。工作難度超出成員自認可以達到的標準，他們雖然心裡覺得不舒服，但會努力克服難關，他們此時的工作表現最佳；當成員還沒開始工作就感到安心，他們的表現相對較差。

迷思2：團隊愈大，表現愈好。大部分領導人認為團隊人數愈多，就能完成愈多工作——這背後另有一個原因，身為大團隊的領導人會讓人覺得自己很重要。帶領大團隊的主管自覺比小團隊的主管優秀。

哈克曼的研究顯示，團隊人數增加，需要更多人與人的連結才能正常運作，而且團隊會因人數過多而產生溝通問題，最後化為一盤散沙。哈克曼認為團隊再大也不能超過九人。

迷思3：定期僱用新人，才能避免團隊了無新意。事實正好相反，成員彼此了解的團隊表現比較好。當然，這不表示主管不該聘請新人，只是不該為了新意與創新而重組團隊，徒增出錯的機率。美國國家運輸安全委員會（National Transportation Safety Board）的數據顯示，有七三%的飛行意外發生在機組成員首次一起飛行。美國太空總署（NASA）的一篇研究也顯示，即使是睡眠不足的機員，只要有足夠的合作經驗，表現也比睡眠充裕但從未合作過的機員好，而且前者的出錯率是後者的一半。

戰略空軍司令部（Strategic Air Command, SAC）專門負責監督運載核武的空軍機，他們的團隊表現得比任何被研究過的團隊都要好，他們在共事前就一起受訓，工作需要也迫使他們必須合作得完美無縫。當團隊必須即時合作，沒有任何犯錯空間時，你會希望它是一支有合作多年默契的團隊，而不是成員經常流動的團隊。美國能屹立至今，沒變成核武沙漠，正是因為戰略空軍司令部在冷戰時期未曾出過大錯。

迷思4：團隊需要強勢又優秀的領導人。多數領導人都想表現得強勢、有自信，以增加團隊的凝聚力與動力，當你管理的團隊是由一般員工組成，這種領導方法確實能奏效，但對菁英團隊就行不通。**用高壓控管聰明部屬只會招致反彈，一個忙著內鬥的團隊不可能提高生產力。**

殘害團隊的陷阱

團隊就像活著的生物，需要供給它食物和水分。既然是活的，就有可能受到殘害，領導人如果有以下兩種惡行，就可能摧毀整個團隊：

1.偏袒特定部屬

如果部屬認為你偏袒某個成員，不受寵的人會覺得沮喪，生產力下滑。受寵的部屬和他的朋友會形成小圈圈；感到不滿的多數人也會組成自己的群體，互相發洩因主管不公而產生的憤慨。

就算主管本身沒有偏心，但只要成員有這種臆想，團隊運作就會受影響。佛羅里達大學醫學院院長麥可．古德教授（Dr. Mike Good）——病患模擬程式的發明人——曾說：「我管理的系所就像我的小孩，我一視同仁地愛他們。」

德國赫爾蒂行政學院阿琳娜．蒙吉歐—皮皮迪（Alina Mungiu-Pippidi）做的研究顯示，主管若偏袒不值得受寵的人，成員的創新能力會下滑。她探討幾個把大部分工作發包給特定投標商的國家政府，觀察這些國家的開發研究與新智慧財產，發現得標的投標商通常和政府機構的某人有私交或金錢往來。這些國家的創新能力遠落後於政府依品質與標價選擇承包商的國家。這篇研究顯示，偏袒某人或某群體的行為，會壓垮人們的創新能力，這些國家的天才多數會遷往以能力掛帥的國家，不然就是喪失生產力。同樣的現象在其他國家的組織中一樣成立。

2.未授予權力與責任

授權是建立好團隊不可或缺的一環，你透過授權展現你對部屬的信任，扛起重要任務的部屬會知道你相信他們的能力。

僱用聰明部屬，是因為他們可以達成你做不到的事，如果無法適當授權，無疑是浪費他們的才能，也白費了你支付的薪水。沒有授權與分工，你會忙得焦頭爛額、沒時間和部屬開會，部屬覺得很難找到你而作罷，久而久之就沒人再帶著新點子來與你討論，你會因此錯失獲得重大進展的良機。

如何分工也很重要，團隊目標不能切得太「薄」或太「厚」，每一項任務都要考量團隊目標、部屬能力以及部屬喜好。聰明部屬喜歡做的事不見得是他們的專長，也不見得對完成團隊任務有益，身為領導人，你必須找到這三者的交集。

非線性團隊

非線性團隊的生產力最高，我指的是團隊的產出不一定和輸入成比例，很難用輸入來預測最後的產出。這種團隊可能往兩個極端發展，天才可能花了一大筆錢卻一事無成，也可能找到把量子電腦做成筆記型電腦的方法。你是聰明部屬的領導人，目標是帶領團隊突破知識與技術的極限，找到相關領域內從未有人發想過的新事物，改變世界的現狀——而唯有帶點不確定性的團隊才能達成這個目標。

智利心理學家馬歇爾．洛薩達（Marcial Losada）用名為「非線性動力學」（nonlinear dynamics）的數學分析，量測商業團隊經常變化的互動，他發現被自我中心捆綁的團隊往往表現低下，這些團隊通常都處在被緊密控制的環境中。團隊的互動只圍繞在少數幾個成員，因此變得容易預測，失去了能催生出創意的混亂。

在失敗的團隊裡，僅由幾個具有個人魅力的成員主導溝通與交流，而不是由最具創意的人主導。主導互動的成員有如磁鐵一般，所有的工作、溝通都圍繞著他們進行，於是新問題也只會用舊方法解決，團隊也不再創新。隨著時間過去，磁鐵的吸力愈來愈強，團隊使用的溝通模式也會變得根深蒂固。

洛薩達發現，在表現最佳的團隊裡，每個成員平均和四個同儕互動，而且都是無法預測、經常變化的互動。

愛因斯坦就很熱衷無法預測的互動，最著名的例子就是他與高等研究院一位年輕數學家庫爾特・歌德爾（Kurt Gödel）的相處。愛因斯坦常常和歌德爾一起散步，交流想法。歌德爾在這段時期發表了邏輯論證，奠定了電腦科學的基礎。歌德爾後來坦承，他和愛因斯坦的談話改變了他的想法與研究脈絡，兩人的思維模式不同，愛因斯坦引導歌德爾邁入了新境界。

打造非線性團隊

一群由聰明部屬組成的團隊，並不會自動發展成菁英團隊。團隊的能力並不是個別成員能力的總和，團隊成就和成員的平均智商沒有直接相關，創意也和成員的最高智商無關。唯有非線性團隊才能締造改變世界的進展。

打造非線性互動的團隊是習慣下的產物，不論有意或無意，領導人都不能定義互動的方式，而是要帶領成員參與討論，時時更換主導討論的成員，公平地讓每個人表達意見。你要讓成員知道自己可以暢所欲言，不會有人抨擊他們的意見。

非線性團隊必須是扁平的階級制度，領導人在成員心中與眾人平等，領導人和成員的權力差距、溝通方式都僅有少許距離。團隊在知識上的成就，和團隊中的女性比例以及輪流發言的公平性有直接相關。女性比較懂得讓他人發表意見，這有助於團隊創新。

圖7.1呈現出組織扁平化、非線性溝通的團隊優勢，左圖代表線性溝通、階級分明的團隊，領導人只對少數幾個部屬下指令，他們再將指令傳達給下層成員，例如軍隊。

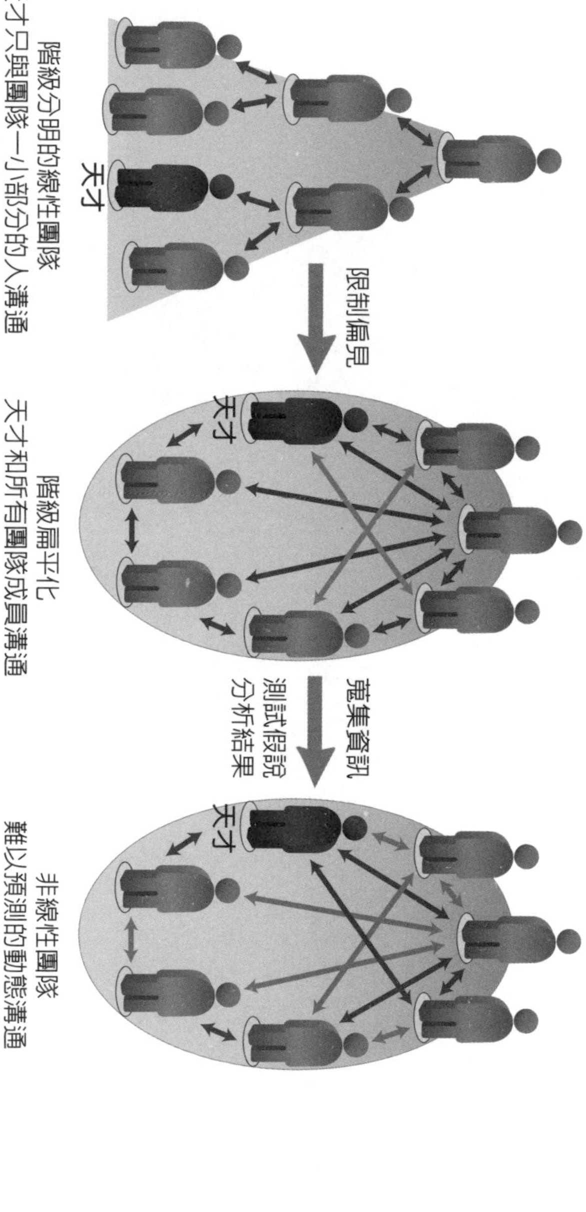
天才
階級分明的線性團隊
天才只與團隊一小部分的人溝通
輸出＜輸入
限制偏見
天才
階級扁平化
天才和所有團隊成員溝通
輸出＝輸入
蒐集資訊
測試假說
分析結果
天才
非線性團隊
難以預測的動態溝通
輸出＞輸入

圖 7.1

在線性團隊中，位居中間傳達指令者可能有意或無意更改訊息，效率也不如無階級區別的團隊，因為成員無法同時接收到領導人的指令。

階級扁平化，指的是成員與領導人溝通時，阻擋意見回饋的障礙較少。想要建立非線性團隊，你身為領導人必須率先讓團隊的階級扁平化，授權給成員，開會時讓他們以難以預測的方式輪流帶領討論，不以個人專業和個性為準則，而是讓最有新鮮想法的成員帶領討論。唯有成員互相尊重，每個人都相信其他人能貢獻有價值的想法時，團隊才能進行非線性討論。

和你相像的團隊注定失敗

最容易管理的團隊，就是成員都和你十分相像的團隊。在這種團隊裡，每個成員的想法都和你一樣，每個人都按照你制定的時間表工作。你和這些成員一定很有共鳴，一起共事很有樂趣，你們甚至一起享受工作之餘的閒暇。然而，這支團隊大概無法完成計畫，因為你的優缺點同時也是團隊的優缺點。

如果每個成員都和你很像，你們就少了擁有特殊專才的成員之間的非線性互動，團隊中會出現磁鐵人物，所有互動都圍繞著他，侷限了創意，遇到問題時也較難提出新穎的解決方法。和你太像的團隊，只會用一種方法解決問題，只有一種工作流程，只有一種溝通方式，也只擁有和你同等級的毅力。

要打造成功的團隊，你必須準確地自我評量，找出自己缺少的技能與經驗，看出團隊中有哪些人和你性格相異（守則一）。要全心參與討論，你必須打從心底對成員說的話感到好奇，好奇心能讓你更有耐心、讓團隊產生非線性溝通，也能幫助你採取創意聆聽（守則三）。

你必須組成一支和你迥異的團隊，和你不像的人都是成員候選人。邀請好友加入團隊前務必三思，好友通常想法和做事方法和你相近，由一群好友組成的團隊可能不夠多樣化，你要確認好友禁得起你的質問，說明自己為何有資格成為團隊成員。

團隊本身就是目標

當團隊成員一起來回激盪想法、爭辯、咒罵與大笑，一支令人心情雀躍的舞蹈於是成形。把荒誕事當成正經事討論，日後回想起這些會議，你必定露出會心一笑，因為這樣的會議有機會助你突破現狀，改變整個產業。在這樣的團隊中，團隊本身就成了目標，成員的工作動力除了賺錢，還多了同事情誼。

組成團隊是你帶領聰明部屬最困難的一步，你必須有改變方向的決心、面對風險的勇氣，也要果決地懲戒比你聰明的部屬。身為主管，你必須採用適當方法管理霸道或靦腆的聰明部屬，隨著科技進步及時改變團隊行進方向，你必須為每個成員量身打造最適合他的工作目標與動力，同時不違背團隊的共同願景。

管理菁英團隊，你得學會委婉的領導方式，因為強迫聰明部屬改變目標——尤其當你的決策缺少數據佐證——會引起反彈，甚至可能摧毀團隊。成員跟不上目標轉彎或各自朝不同方向前進，彼此之間會開始脫節，有人停留在原地，有人則往新目標啟程。

非線性團隊不一定混亂無序，成員也不見得各自為政。主管的工作是確保每個人心繫團隊的共同目標，同時給予成員以不同方法達成目標、自由探索的空間。

打造長期合作的團隊是一門學問，也是一門藝術；它像化學，卻也像煉金術。前面提過成功團隊背後的數學關係，但其中還蘊含了潛意識層面的情商因素，你可能覺得花時間了解成員的期望與恐懼很費事，但你對他們愈了解，愈能有效幫助他們進行革新性的互動。

最優秀的團隊不僅是專業，還要像是能隨著環境成長、適應的生物，在這樣的團隊裡，成員尊重彼此的才能，願意傾聽並接納其他成員的想法。最優秀的團隊異常有創意，能解決對他人而言像是巨大障礙的問題，這是因為成員可以合力突破界限。

二十多年前，我在印第安納大學醫學中心（Indiana University Medical Center）和一位家庭醫學科醫師及一位眼科醫師在同一家診所工作，某年夏天，眼科醫師參加公益計畫，到俄羅斯聖彼得堡的一間診所免費服務。

一位眼球腫大的十八歲男孩前來看診，我朋友發現病患眼球腫大是因為眼球後方長了霍奇金淋巴瘤（Hodgkin's lymphoma），在美國這是可以根治的一種癌症，但俄羅斯的窮人罹患霍奇金淋巴瘤基本上等同被判死刑。

眼科醫師無法在診所施予靜脈化療，於是打電話給我和家庭醫師詢問建議。我準備了一些自掏腰包、自行包裝的口服化療藥物，並請印第安納大學一位俄國教授翻譯服藥指示。我的家庭醫師朋友甚至親自搭機前往俄羅斯，親手將藥物交給眼科醫師，因為俄羅斯的郵寄系統不是很可靠。

眼科醫師為病患施予第一與第二劑化療藥物，直到年輕人的症狀完全緩解才返回美國，臨走前還教導男孩的母親如何施予剩餘藥物。我們像是活生物般演化而成的最佳非線性團隊，才能用創新方法解決掉非典型問題。

本章一點通

心理層面的凝聚力和專業知識一樣能激發創意的火花。

第八章

守則6

你的過去不等於未來的真理

「HiPPO」會控制每一場會議，根據最早使用此縮寫的人——Market Motive公司執行長阿維納什・高什克（Avinash Kaushik）——的說法，HiPPO會將理性分析踩在腳下，將所有策略置之度外。HiPPO是Highest Paid Person's Opinions的縮寫，意思是「最高薪人士的意見」。最高薪者的待遇高過其他人，他們的意見因此更受重視，重要性甚至超越所有數據資料，他們的意見被視為鐵一般的事實，與經過分析的好幾個GB容量數據同樣有說服力。他們會無意識地對部屬頤指氣使，壓抑有創意的討論，還察覺不到自己對團隊造成了多大的損害。

很多領導人會依過去經驗武斷地為複雜問題下定論，而不下工夫分析背後的複雜因素；他們僅憑個人經驗，做價值數十億美元的決策。一則個人經歷不足以稱作數據，兩則個人故事不足以制定方針，很多組織卻只仰賴一、兩人的經驗做重要決策。就算那少數一、兩人才智過人又肯努力，他們的經驗也無法取代經由系統性蒐集與分析過的資料，但領導人還是經常掉進過度仰賴經驗的陷阱。

擔任聰明部屬的主管，更要避免掉進這樣的陷阱，他們很容易發現你的決策缺乏數據背書，純粹仰賴個人經驗，你的信服力將會蕩然無存。你可以用直覺與經驗籌組團隊，選擇要任用什麼人，但在制定目標或達成目標的決策時，數據資料更有說服力。

「我們的主管被過去的負面經驗束縛了。」美國畢業後醫學教育評鑑委員會（Accreditation Council for Graduate Medical Education）前會長提姆・福林醫師（Dr. Tim Flynn）曾說。我們無論如何抵賴也改變不了事實，**真相就是，比起可靠的資料，我們的決策更常奠基於個人經驗**，背後的原因其實也很簡單，因為這些經驗早已和我們融為一體。

弗萊茲明白自己的無知

一開始，弗萊茲很清楚自己的能力，知道自己的才智不足以做重大決策，所以努力蒐集相關資料。舉例來說，一九〇八年卡內基基金會（Carnegie Foundation）邀請弗萊茲準備一份關於美國與歐洲醫學教育現況的報告，弗萊茲自知對醫學教育所知有限，所以第一步就是盡可能蒐集資料。

與其仰賴二手資料，弗萊茲決定親自參訪美國所有的醫學院——一百五十五間——與多所歐洲學校，他旁聽醫學課程，訪問許多學生與教職員，竭力蒐集相關資料。他參訪愛荷華大學醫學院時，院長告訴他教室上了鎖，持有鑰匙的工友休假，弗萊茲知道院長所言不實，他在院長送他到火車站後又立刻搭車回到醫學院。弗萊茲找到工友，開了教室的門，發現大部分教室都缺少醫學教育所需的教材——院長想要掩蓋的意圖被揭穿，弗萊茲要的不是個人觀點，而是證據。

弗萊茲調查醫學教育現況的期間，許多醫學院都是當地醫師設立的私校，醫師透過學校賺取學費。這類學校通常沒幾個全職的教職員，學員不需大學學歷便能入學，無招生人數限制，而且學生幾乎不可能到實驗室或醫院實習。

弗萊茲是個心直口快的人，他在報告中毫不留情地批評許多醫學院。舉例來說，他認為加利福尼亞醫學院「對於允許它存在的州來說，是莫大的恥辱」。由於弗萊茲是用第一手資料撰寫報告，沒有人敢質疑他。弗萊茲明白，唯有拿出海量的證據，他才能說服他人著手改變全國的醫療教育體系。

弗萊茲的調查報告大大撼動了醫學教育界，在接下來二十五年間，美國有半數醫學院——包括所有私人營利學校——永遠關上了大門。醫學院的入學門檻轉趨嚴格，多數醫學院為了提升在學術界的聲望甚而加入了大學體系。

除此之外，弗萊茲拒絕讓過去做法與傳統限制他的聘僱決定。當時美國大多數知名大學都有不成文規定，限制猶太師生的人數，但弗萊茲無視這些規矩，邀請女性與猶太移民加入高等研究院。

普林斯頓高等研究院的成就，促使其他大學開始放下對種族的成見，以才華為考量僱用科學家。其他人與文化層面上的干預都沒能扭轉大學校園裡的種族歧視，弗萊茲卻改變了聘僱科學家的不成文規定。

在當時，就連大型科學機構也鮮少有女性職員，弗萊茲認為這種偏見是浪費人才，他在創立高等研究院時寫道：「在聘僱教職員與錄取學生時，我們不會直接或間接把種族、宗教或性別納入考量。」然而在多年後，面對經濟大恐慌所導致的資金短缺，弗萊茲違背了當初的承諾，支付給女性和男性職員的薪資並不公平。

弗萊茲自己的偏見

弗萊茲聘用女性科學家是劃時代的決定，為此，我們應該把他視為英雄。他聘用考古學家赫蒂・高德曼並授予她在高等研究院的終身職，這在當時的美國非常罕見，知名大學大多反對這種決策。不過，聘請高德曼雖是美事一樁，弗萊茲卻以為自己能用這份職位換取她的感激，他支付給高德曼的薪水少於男性職員，弗萊茲不停承諾要幫她調薪，卻一直沒有實現承諾，當高德曼為此抗議時，弗萊茲無法理解她為何有了終身職還不知足，顯現他對性別仍存有偏見。

潛意識裡，弗萊茲對種族也存在偏見，這在當時十分普遍。他提議關閉七間黑人醫學院中的五間，他認為黑人醫師該在白人醫師的監督下醫治黑人病患。弗萊茲還認為非裔美國人會散播結核病，危害白人的身體健康，這個觀念導致接下來數代的非裔美國人難以獲得醫療體系的照護。

直覺

有不少人深信用經驗與直覺快速做的決定，比仔細分析數據後再做的決定來得精準。有證據顯示，直覺對人際關係上的判斷有幫助，例如評估一個人是否值得信任。多數人都有豐富的人際經驗，多少懂得辨別騙徒與老實人，所以經驗確實管用，當然，這是在一般情況下才成立。對菁英團隊來說，依經驗與直覺做的決策無法奏效——如果可以奏效，管理菁英團隊就不會如此困難了。

在科學與科技的領域，過去的經驗對於我們在做科技研究上的決策時，鮮少有助益，畢竟我們要嘗試別人從未試過的事物才有可能進步，管理者不太可能承認自己用情感做多數決策，但事實是，大部分領導人都是仰賴情感在摸索方向，再用理性的論述合理化自己的選擇。財富知識團體（Fortune Knowledge Group）的一篇研究顯示，六二%企業領導人仰賴直覺做決定。《CIO》數位雜誌（*CIO*）在一篇報導中提到，經濟學人信息社（The Economist Intelligence Unit, EIU）的研究顯示，接受調查的企業領導人當中，有七三%憑自己的直覺做決定，六八%表示，比起數據，他們更相信自己的直覺。

憑經驗與直覺做管理上的決策確實輕鬆許多，因為分析數據是一件非常麻煩又乏味的差事。

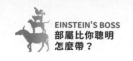

別相信直覺

很多組織皆是因為相信領導人的直覺而犯下大錯，但多數領導人會把自己的糟糕決策掩蓋過去，所以很少有相關消息外流。現代企業界眾所周知的直覺決策案例，是時代華納有線電視公司（Time Warner）執行長傑里・萊文（Jerry Levin）併購美國線上（AOL）的決定，當時董事會並不贊同這項併購案，反對者詳細整理出以數據為基礎的論述，萊文卻堅持己見，倚仗自己領最高薪的身分獨排眾議。兩年後，時代華納損失了九百九十億美元，萊文在數年後坦承，那樁合併案是該世紀最糟糕的商業交易，後來甚至辭去了執行長職位。

就連愛因斯坦這位天才的直覺也不可信賴，他的相對論雖然開啟了全新的量子力學領域，他本身卻一直對量子力學存疑，不認為電子能同時存在兩個位置，他對這種不確定性非常反感。愛因斯坦稱量子力學為「遠處的詭異動態」。

愛因斯坦和尼爾斯・波耳熱烈討論這個議題，他認為物理學家之所以採用量子力學，是因為尚未找到某些未知的變數，無法計算出電子的確切位置。曼哈頓計畫領導人之一——也是後來的普林斯頓高等研究院院長——羅伯特・歐本海默（Robert Oppenheimer）表示，愛因斯坦出自本能地厭惡「有違連續性與因果關係」的事物。

但愛因斯坦錯了。他的直覺是「上帝不會以擲骰子的方式決定宇宙事物」。愛因斯坦為何無法信任新思維呢？這其實充滿了矛盾，畢竟之前就是他改變了世人對宇宙的看法。歐本海默寫道：「愛因斯坦把匕首交給殘害他研究成果的人，這是他間接創造的理論，他本人卻痛恨它，無法接受它的存在。在科學界，這並不是唯一案例。」

愛因斯坦對量子力學的不信任，侷限了他之後在高等研究院的研究與創意。如果連愛因斯坦也受自己的直覺箝制，那並非天才的人豈不是更容易掉進直覺的陷阱？

我們每個人都深受偏見影響卻不自知，即便經過縝密分析的數據擺在眼前也無法說服我們。就算有再多數據顯示我們的判斷有待商榷，我們還是傾向於倚賴自己的直覺。

蒙蔽自己的眼睛

當愛因斯坦發表相對論時，德國物理學家基於他的猶太人身分而大力反駁他的理論。德勒斯登物理學院的校長魯道夫・托馬希克（Rudolf Tomaschek）寫道：「現代物理學是猶太人摧毀北歐科學的工具，真正的物理學是德國精神的產物。」

最激烈反對愛因斯坦與相對論的要算菲利普・萊納德（Philipp Lenard），他寫道：「科學不是普世的東西，它和其他人造物一樣，決定於種族與血緣」。

托馬希克與萊納德對種族的偏見蒙蔽了他們的眼睛，導致他們無法接受當代最偉大的物理學理論，導致德國的物理學落後了數十年。我們甚至可以大膽推測，他們拒絕接受用以研發原子彈的理論，使得德國在二次世界大戰中戰敗。納粹為了政治目的扭曲了物理學與事實，納粹帝國懷抱的信念致使他們戰敗。

我們從現在的角度來看萊納德與托馬希克，可以清楚看見他們的盲點，但要察覺自己的盲點並非易事，所以才需要仰賴眾人的智慧——不僅是大量數據，還包含許多人的想法與貢獻。透過和其他人商議討論，別人才能檢視與制衡我們的偏見，但光找別人討論還不夠，我們還必須遵守第三條守則，把他們的意見聽進去。你應該正式制定決策過程，在分析數據之後，審視自己對數據的分析——和第一條守則類似，不僅要確認自己蒐集的資訊正確無誤，還要確保自己在分析數據時不帶任何偏見。

影響決策的偏見

許多研究已證實認知偏見會影響決策，也證實我們不能總是相信自己的直覺反應。如果要確保自己是憑數據資料做決策，就必須認清事實，承認自己常受偏見與情緒擺布。我們沒察覺到的偏見也會影響決策，我們稱這種偏見為「內隱偏見」（implicit bias）。

我們的社會文化出現了難以察覺的變化，導致以數據為基礎的領導方式變得相對困難。我們關心的似乎不再是真相，而是確定性——做決策時，無論真相為何，只要我比你有把握，我就會更有說服力。我們對某個立場的熱情最終會壓倒真相。有很多種內隱偏見——潛意識的偏見——都在強化我們對某個立場的確定性，列舉如下：

向心偏見（Centrality Bias）

向心偏見是在形塑我們的決策過程中，很基本、很常見的偏見。有這種偏見的人認為如果某項數據夠重要，我們早該知道它的存在。我們不信任新資訊，因為新資訊不是來自我們自己。在經濟學人信息社的那篇研究中，接受調查的企業高層主管只有五四%願意分析與自己直覺不符的數據，換言之，剩下四六%的人並沒有仰賴理性做決策。

我們存有向心偏見，是因為我們以「自我」為單位存在，工作最重要的並不是賺錢，而是維持自我。這也是為何自我審視會如此困難，**真正懂得自省的人必須經常拆解自我、面對現實，然後重建對自己的認知。**

有不少領導人像個賭徒，對憑直覺做決策上了癮，每個決策都像玩二十一點一樣興奮刺激，腎上腺素流竄全身。他們自認只有自己擁有做決策所需的知識，用這種說辭合理化自己的行為……但真相是，他們的大腦需要恐懼催生的腎上腺素才能感覺正常。

自利偏見（Self-Serving Bias）

自利偏見會使人對那些威脅我們自尊心與成就感的真相視而不見，而偏好與我們過去成功經驗相符的事實。就算當初並非自願前往某個方向，在獲得成功後，我們還是會居功。

在現今社會裡，比起系統性蒐集、數學分析過的資料，我們更信任單一專才，但在迅速變動的環境中，這種傾向無法帶來成功。我們無法用過去的答案回答今天的問題，因為從未有人遇過今天的問題。過去的失敗與成功讓我們誤以為當前的任務與過去相仿，我們的直覺也深受過去影響。

基於經驗與直覺做決定，是領導人展現權力的方式，他們彷彿在說：「我們應該這麼做，因為**我**以前就是這樣成功的。」很多領導人在憑直覺做了正確決定時居功，但如果直覺出了岔子，他們就會卸責。

想擺脫直覺干預，仰賴數據做決策，你必須放鬆對個人權力的執著，放棄建立於權力之上的尊榮，把領導權分散到成員之中。領導人愈不信任自己，愈是想抓緊做決定的權力。

固有偏見（Anchoring Bias）

固有偏見促使我們在得到一部分資訊時就開始做決定，我們傾向於重視先獲得的訊息，因此可能對某個決定產生不理性的自信。很少人能等到全部數據經過分析、進行分類後，才開始做決定。從演化的角度看來，這樣的做法對我們不利——舉例來說，原始人類學會，不要等判斷出水池邊的掠食動物餓不餓再逃跑。

現狀偏見（Status Quo Bias）

失去帶來的痛苦，往往大於收穫帶來的快樂，這就是現狀偏見的作用。面對新問題，我們害怕改變會招致損失，希望用舊有的方法解決問題。我們傾向於重視能維持現狀的資訊，對損失的恐懼令我們對任何顯示觀念或方向已經改變的數據產生質疑。

很多時候，我們會下意識地維持現狀，你以為自己在帶領團隊進行革新，其實不過是重新排列了家具。想了解自己是否受現狀偏見影響，你可以試試一種叫「翻轉測試」（Reversal Test）的思想實驗：想像自己做出與現況相反的選擇，並分析其利弊。如果在當前的情況下，改變才是最佳方案，那你的分析結果就會顯示：做出與現況相反的選擇會帶來較高的利益並付出較低的代價。此時，你就應該改變前進方向。

每當大企業家華倫．巴菲特（Warren Buffett）在洽談合併或併購案時，都會請來兩組律師，兩組都能拿到基本費用，達成協議的那組會獲得更多報酬，協議失敗的一組則能拿到參與獎金。巴菲特就是運用這種方法，把翻轉測試納入洽談生意的過程。

信念偏見（Belief Bias）

信念偏見傾向於以結論的可信性為標準，判斷某一論述是否有力。如果過去的經驗顯示某個結論比較合理，我們就會看重導向那個結論的數據與分析。存有這種偏見，我們即使蒐集了完整資料，也會用既有的觀點看待資料、憑自己的信念做決定。

生存者偏見（Survivor Bias）

前面提過，我們傾向於選擇性分析數據，導致結論被扭曲，這會進一步促成生存者偏見的產生。如果某個決定的成功結果仍然存在，我們就會重視這個決定；如果這個決定後來失敗了，以後就會淘汰這個選項。我們逕自認定一個概念長久留存世上，就表示它已經過無數人的測試與驗證，是一個有助益並且正確無誤的概念。

幾年前，美國食品藥品監督管理局（Food and Drug Administration, FDA）批准了一款極為昂貴的肺癌藥物，這種藥物只對一〇％的患者有效，它之所以能得到FDA的認證，是因為受藥物幫助的人親赴對外公開的聽證會上，大力表現他們的支持。肺癌專家大衛．強森醫師（Dr. David Johnson）哀慟地告訴我，那款藥物或許傷害了其他九〇％的病患，但死去的病患沒能參加聽證會，沒能阻止FDA通過那款肺癌藥物。

確認偏見（Confirmation Bias）

二〇一四年，美國國會圖書館的網路檔案館以每月五TB的速率成長，而且速率不停加快，在如此龐大的數據量下，領導人愈來愈信任自己的直覺，無視那些證實要用數據做決策比較有利的研究。

這也情有可原，畢竟如此海量的數據根本不知從何分析，只能將它切割成小塊，再決定要將哪些資料納入考量，但如此一來，我們就落入了憑經驗挑選數據的陷阱，製造了盲點。「你可以用同樣的數據掰出各種不同的故事，」聖德教學醫院執行長艾德．吉門尼斯（Ed Jimenez）表示，「但用正確的方式運用和詮釋數據，就複雜多了。」

確認偏見使我們相信能證實己知想法的數據，當我們在分析其他所有相關數據時，會辨識出符合我們見過或目前想法的模式。在完成資料的蒐集後，我們開始選擇要留意哪些資料，而這就是扭曲事實的開端。領導人常認為：「我很清楚真相為何，我們來找出能佐證真相的資料吧。」

當一個決策的結果對你個人有重大影響，你更容易受情緒偏見誤導選擇要參考哪些數據，要避開這些盲點並非易事，必須仰賴嚴格的自律。

我們問對問題嗎？

檢討先前的決策，理所當然要考慮決策的成果：這個決策有沒有達到預先設定的成功標準？菁英團隊的領導人如果能問自己：「我們一開始有用正確的方式衡量這項決策嗎？」就能免掉不少麻煩。你得先自問，你有提出該問的問題嗎？說不定，你做決定的基礎根本和團隊目標無關。

舉例而言，一九九九年，一架火星探測器因為某個團隊沒有將公制單位轉換成另一個團隊慣用的英制單位而墜毀，花費在這項計畫的數十億美元就這麼白白浪費了，原因為何呢？就是沒有人事先決定要統一採用英制或公制單位。這項計畫欠缺的不是人才，而是一個專責處理瑣務的領導人。

聰明部屬的領導人特別要留心細節，因為聰明人通常都不拘小節。羅伯特．歐本海默在加利福尼亞大學教書時，教室黑板常被他寫滿複雜的量子力學公式，學生戰戰兢兢地問他講的是哪一條公式時，歐本海默會指向一串難以辨識的符號——他指的公式已被他用第二條公式覆蓋過去了，因為在他看來，第一條公式簡單到不值得多提。

天才的工作，在不是天才的人看來一點也不簡單。如果天才沒有詳細解說每一條公式，團隊也許就會遭遇大災難……像是花數十億美元打造的太空探測器墜毀。

在絕大多數的科學與科技領域，不留心細節其實很危險，此時天才的領導人就要挺身而出。佛羅里達大學副校長大衛．古齊克（David Guzick）曾說：「你沒注意到的細節往往會造成最大損失。」你應該仔細確認每一個細節，避免團隊遭遇意外，這正是你幫助聰明部屬增值的方法。

就算不是天才，你依然能對團隊有所貢獻，你可以找出計畫細節的缺漏，針對這些漏洞提出問題；你可以成為團隊的記憶中樞，記住哪些假說有效，哪些無效。就如美國前任國務卿科林．鮑爾（Colin Powell）所說：「永遠別忽視細節，在眾人分心或思考遲鈍之際，領導人更要拿出雙倍的警戒。」

在做決定前蒐集所有資料，你就能避免重蹈前人的覆轍。愛因斯坦以前會和同樣在普林斯頓高等研究院工作的政治科學家大衛．密特蘭尼（David Mitrany）一起走路上班，有一天他對密特蘭尼說，他覺得自己終於找到結合重力與電力的理論——他過去百思不解的統一場論。六個月後，愛因斯坦雲淡風輕地告訴密特蘭尼他的理論並不成立，但他還是會發表這篇研究。密特蘭尼詫異地問他為什麼時，愛因斯坦回答：「免得又有一個笨蛋浪費六個月做同樣的事。」

決策的重點不是你

你不是魔法師，沒辦法憑空變出以數據為決策基礎的風氣，但你能對自己和成員的思考方式產生影響，一步步培養重視數據的精神。第一步，就是去除決策過程的「人性」——很多領導人都自覺是決策的中心，就連美國前總統哈瑞．杜魯門（Harry Truman）說的那句關於責任的名言「別再踢皮球，責任由我扛」也是個陷阱。領導人覺得自己在為決策負責，實際上卻是以決策對他們自尊心的影響來當作決策準則。

我聽同事提過，他認識的一位製藥公司經理無法在和別人討論過去決策時，將自尊心抽離。每當有人認為他過去的決策成效不彰，他就會張牙舞爪地死守自己的立場，爭得面紅耳赤、語氣高昂，誰敢發言就會被他痛罵一頓。

決策的重點不是它對你——甚至是對團隊——的影響，而是決策的新方向是否能幫助團隊達成有意義、有價值的目標，而且是超脫你與團隊的目標，即使你離職或團隊解散，目標也不會改變。保持超脫在目標之外有點難度，因為在執行決策時必然得投注一些情感，但切記制定決策前別有情感牽絆，得到結論後再賦予情感，此時的情感便能強化你的努力與創意。

分析數據盡量使用公司內、外部人士制定的標準，讓決策超脫你個人。除此之外，可以請外部人士提供意見，也讓受影響的股東參與決策過程，廣納不同意見。花錢請人來找出你想法中的漏洞，千萬別因為被批評而發火，**如同避險基金一樣，你要投資一個和你主要決策對立的想法，避免遭遇失敗就一蹶不振。**

實行決策

聽我這麼說，也許會以為我希望你成為冰冷的機器人，但絕非如此。實際上，人的大腦會以情緒作為是否堅守決策立場的標準，情緒會為我們奠定堅持下去的基礎。你是否曾在董事會上據理力爭，董事們看到你端上檯面的所有證據，卻怎麼也不肯同意你的提案？此時，你再怎麼爭辯也無法改變他們的想法。當決策過程變得困難且複雜，我們需要情緒的助力，才有辦法貫徹最後的決策。**領導人除了看清數據與分析的邏輯，還要在個人層面認同它們，在心中找到依數據與結論行事的欲望。**

我們需要情緒上的認同，才有辦法貫徹執行決策，可惜很多領導人在決策過程的第一步就錯了，忘了要先理性比較所有數據，再投注情感——兩者都是決策不可或缺的要素。如果你不帶感情地理性分析數據，之後可能無法堅持下去；如果你用情緒做決策，也可能淪於堅持錯誤方向，聽不進別人勸諫。

擺脫偏見

每個人都有內隱偏見，這些偏見不僅會污染我們的決策，還會影響蒐集資料的過程。除非在開始蒐集資料前自我評量，才不會在偏見的影響下憑直覺或情緒做決定。

我們會對過去事件在心理留下的情緒影響，標注上不同層級的價格，卻在決策過程中忽略這些事件曾經對我們的影響，於是大腦便下意識地參考過去經歷，衡量情緒價碼的總和，快速做決定。**我們可能自覺很理性地分析事情的利弊，但其實人不是理性的動物，我們經常草草翻閱已知的數據，任由潛意識默默下了決定**，其實我們只是在尋找能佐證自己猜想的資料。由於這些都是下意識的行為，我們必須先警覺自己何時會一邊跑理性決策的流程，一邊憑直覺做決定。

在做最終決策前，先用下列五個步驟確認自己沒有自欺欺人，確認自己的理性決策真的是如假包換的理性決策，而不是披著理性與數據外衣的情緒與直覺。舉例來說，假設你有兩個選項，可以購入小型生技公司開發的癌症新藥，藥物很有潛力但未經實驗證實，第二個選項是自行開發癌症新藥。請先閱讀下列五個問題，寫下你的回答，然後用公開、透明的方式和團隊討論你的選項，確認你在決策過程中真的沒有受到情緒與直覺左右。

1. 我真的有做決策所需的全部資訊嗎？我們平時都會依直覺猜測未來可能發生的事，即使是受過訓練的統計學家也認為可以用現在的小部分樣本來預測未來，而做決策時所參考的個人經驗，就是那小部分樣本——這是所謂的「小數定律」（Law of Small Numbers）。人們對小數定律的信念，就是賭場能營運至今的原因：大腦認為我們能用現在的小部分樣本，直覺地預測角子機或生技公司的未來行為。角子機當然和生技公司相去甚遠，但我們都會做出同樣的誤判。以癌症新藥的案例來說，我對於癌症新藥的經驗會使我過於重視這間生技公司的資訊，或高估自己團隊的能力。如果這間生技公司近期推出的另外幾種新藥都大獲成功，我可能會在生存者偏見的作用下，認為自己已經得到所需的全部資訊，忘了把失敗案例納入考量。

2. 如果買下生技公司的新藥，誰會受益？誰會受害？如果自行研發新藥呢？此時，自利偏見也許會促使我選擇自行研發新藥，放棄購買別家公司的產品，如此一來，如果團隊成功研發出癌症新藥，我會得到成就與聲望，成功研發癌症新藥是重大任務，如果團隊達標，成員也會受益。換個立場想，如果我們自行研發新藥，那間生技公司會喪失銷售藥物的利潤。

3. 我有沒有遇過類似狀況？上次的結果為何？距離上一次失敗的時間愈短，它愈能影響我們當前的決策，這就是固有偏見的力量。如果近期遇過類似情況並以失敗收場，你這次就會避免朝同一個方向前進——尤其當上次的決策者就是你，你更會感到惶恐。但儘管上次沒有成功，你也不能因為失敗而忘記團隊策略與目標。逝者已矣，當前的決策必須完全獨立於過去的決策。

4.如果朝相反方向走，會發生什麼事？試著想像，如果你選擇相反的路線，事情會如何發展？如果相反路線反而會使你獲得更多利益，那你的數據或假設就有偏差。向心偏見會使人產生已經得到的資訊最重要的錯覺，你甚至會認為自己做決定的本事超越其他所有成員——請回想第一條守則，認清自己在團隊中的地位沒有如此重要，用反方向思考來避免向心偏見。

5.要得到最好的結果，需要多少個假設？假設愈多，出錯的可能性就愈高。我們在決策過程中，常把假設當成是支持直覺性決策的數據。我們如果是基於提高或維護自尊心而做決定，或為證實自己的觀點而做決定，那麼在決策過程中只要發現某些個人經驗支持這個決定，這些個人經驗就會被我們視為數據。**信念偏見與確認偏見令人誤把基於個人經驗做的假設，當成是對未來的精準預測，這是典型的自欺行為。**

你必須從一開始就認清，偏見會導致你選擇哪一個選項。對自己的偏見有所認識後，每當留意到自己對這個選項有偏愛就要謹慎，別光蒐集支持這個選項的數據，也別忽視其他選項的可能性。請參見圖8.1，個人經驗和信念會影響你蒐集資料的能力，也會讓你在蒐集與分析資料時存有偏見。

我也曾參與組織高層的會議，眼看著大家沒有用統計方法分析數據，逕自做重要決策。光是不帶偏見地蒐集數據還不夠，你必須用統計方法進行分析，藉此擺脫你的內隱偏見。

一個決策的影響層面愈大，你愈要留心自己是否存有偏見、更謹慎地分析數據——決策的影響力大小不只取決於金錢，還包含提升生產力與創意等。聰明部屬見你如此仔細分析資料，會更敞開心胸接受最終決定，而你小心翼翼的決策過程，正是你支援聰明部屬的最佳方法，可以培養團隊情誼，提升眾人朝目標前進的凝聚力。

圖 8.1

本章一點通

隨時對自己的直覺存疑。

第九章

守則7

心無旁騖

很多聰明部屬都像是追逐松鼠的拉不拉多犬，他們無法阻止自己去追逐閃過腦海的新想法，每次有新點子浮現，就會轉身朝新方向衝去，追尋新點子的蛛絲馬跡。

比起專注，我們更容易因為有趣的想法而分心，拉不拉多犬對新事物充滿著熱情——試想，追逐松鼠一定比靜靜走在主人身邊有趣吧？

對聰明部屬的領導人而言，「完美成就」是「好成就」的死對頭，聰明部屬可能為了追逐完美想法，而完全失去生產力。心有旁騖會減損生產力，而聰明部屬總是能想到更好、更有趣的點子，令他們放下手邊的工作去追逐。部屬需要毅力才能專心把好想法化成商品，但不是每個部屬都有這種毅力。如果聰明部屬帶著其他團隊成員去追逐松鼠，團隊永遠達不到原本設定的目標。

專注追尋目標

班伯格兄妹在一九三〇年信了弗萊茲對科學研究機構的願景，給了他普林斯頓高等研究院的領導權，弗萊茲成了院長。弗萊茲明白高等研究院沒辦法在每一個領域都成為一流研究院，他的目標是在少數幾個領域成為世界翹楚，他一開始決定專注於數學，早期聘僱的維布倫、愛因斯坦與赫爾曼·外爾都是頂尖學者。弗萊茲將資源集中於單一方向，才有辦法聘請到該領域的一流科學家，這種專一的做法正是邁向創新的關鍵，因為創新往往發生在現有知識的邊界，你必須縮小範圍才有可能突破現有知識。

弗萊茲希望能將高等研究院打造成科學進步的綠洲，他十分堅持這項核心任務，所以選擇了與其他高等研究機構不同的路線，拒絕收學生或提供學歷文憑。儘管部分職員希望普林斯頓高等研究院可以更像傳統大學，但弗萊茲沒有放棄自己的堅持與願景。

弗萊茲認為教學會使研究學者分心，妨礙他們專心做實驗，指導博士生也會令職員無法專注自己的工作。他寫道：「從組織的角度來看，高等研究院是最簡單、最不正式的機構。」

高等研究院裡的天才生活在近似修道院的鄉村，在與世隔絕的研究院裡專心做研究，很少有別的事物分散他們的注意力。一位英國學者參訪高等研究院時，他的妻子發現所有科學家都全心投入研究，甚至問弗萊茲：「每個人都會工作到凌晨兩點嗎？」

限縮研究範圍能聚焦並強化專注力，把專注力打造成有如釘子的形狀。有一次，我問團隊裡的一位科學家有沒有可能用鐵鎚敲破眼前的核桃木桌。

「當然不可能。」他回答。「鐵鎚太鈍了，我只會敲得桌上滿是凹痕，卻沒辦法把桌子敲穿。」

「那如果給你一根釘子，你能釘穿桌面嗎？」我又問。

「那當然，」他笑著說。「這不是顯而易見的事嗎？」

我接著說，他現在面對的問題過於複雜，他再怎麼努力、再怎麼用力，也不可能一次解決所有問題。「先選其中一項，把桌子釘穿吧。」我這麼告訴他。

追逐松鼠很有趣

隨著時間過去，弗萊茲漸漸失去最初的專注力，開始分心。他得知著名的葛思德中文手稿收藏（Gest collection）待售時，把所剩不多的經費挪來購買手稿，問題是，高等研究院並沒有研究中國或中文的專家，也沒有朝那個方向發展的打算。

弗萊茲對高等研究院理事會表示這是千載難逢的機運，他認為人們會在二十世紀對中國愈來愈感興趣——十五年後，毛澤東與共產黨開始統治中國，他的預言成真。但高等研究院一直沒有聘僱中國學者，一大部分經費就這麼被弗萊茲浪費在與高等研究院專精領域無關的中文手稿上。

當時高等研究院經費短缺，收購葛思德手稿對組織造成沉重的負擔，原本答應幫女性與資淺職員調薪的弗萊茲不得不食言。收購如此聞名的古董收藏確實令人興奮，但長遠來看，弗萊茲的組織並沒有因此獲益。

追逐松鼠很有趣，令我們分心的事物起初總是顯得新奇有趣，相較之下，手邊的工作過於乏味。追著新想法跑到遠處，總比對著眼前的路障乾瞪眼容易。

什麼事該做，什麼不該做

弗萊茲在洛克菲勒基金會（Rockefeller Foundation）工作時，會長認為他們應該提供多筆小額捐款，而不是能改變其他組織的巨額捐款。弗萊茲表示，這種做法會使基金會的任務失焦，減少他們對其他組織的影響力。他說得很有道理。洛克菲勒基金會在創辦初期出資創立芝加哥大學和洛克菲勒大學，兩者都出了好幾位諾貝爾獎得主，在那之後基金會就沒有太大作為。

開啟一項新計畫時，領導人必須做一個困難選擇，你要決定的並不是要先做什麼，而是**不該**做什麼。很多科學家會愛上自己的新想法不可自拔，此時領導人就必須扮演離婚律師的角色，硬生生地把這對愛侶拆散。

專注是一種犧牲，你專注於一件事，就等於放棄了其他的事。我們的每一個決定都伴隨著機會成本。蘋果公司的首席設計師強納生．艾夫（Jony Ive）曾說：「所謂的專注，就是當你全身每一顆細胞都認為另一個想法超凡出眾，即使在睡夢中也滿腦子都是它時，果斷地放棄那個想法——因為，你必須專注在眼前的工作。」

天才可以沉浸在公式的美，但領導人必須謹慎，不能偏愛某個特定的想法，因為它可能只是個幻影，**如果你想不到把幻想化為現實的方法，這個想法就不值得你去追逐。**

「發明和創新不一樣，」在約翰．霍普金斯大學教書的專利律師勞倫斯．胡希克（Lawrence Husik）告訴我。「『發明』是創造新東西；『創新』是創造有價值的新東西。」你身為領導人，必須督促部屬專注於創新，而不僅是發明新東西。

分心引發爭執

追逐松鼠，意謂著改變原本的方向。你身為領導人如果許下往某個方向前進的承諾，改變方向就是毀約，而毀約不過是分心的後果之一。

弗萊茲領導普林斯頓高等研究院時，數學院的院長是剛強不屈、很有說服力，又總以為自己是最了解情況的奧斯瓦爾德·維布倫，他經常順著新想法發展，偏離原本的方向，經常違反他和弗萊茲與愛因斯坦的約定。維布倫無法固守原本的方向，是因為他喜愛的不是新點子的優越性，而是新穎性，原本答應給愛因斯坦與其他人的資源，被維布倫挪用來執行新點子。

弗萊茲希望高等研究院職員專心做研究，不必為教導學生等雜事操心，但維布倫違反了當初對弗萊茲的承諾，招收了研究生，他喜歡和學生互動，喜歡讓學生去追逐他的各種想法。

弗萊茲為此與維布倫面談，請他遵守過去的協議，維布倫卻無視弗萊茲的勸告，直接找高等研究院職員商議此事，結果失敗了，職員支持弗萊茲的看法。弗萊茲必須一而再、再而三地將維布倫拉回原本方向，遵守高等研究院的初衷：這是一間沒有教學工作的研究機構。維布倫對新想法的熱衷引發了磨擦，他喜歡同時有好幾個人研究他的好幾個想法。

愛因斯坦的專注力

愛因斯坦在高等研究院的同仁利奧波德・英費爾德曾說：「我們都是廁所、富及第（家電品牌）、汽車、收音機和其他幾百萬種事物的奴隸。」愛因斯坦也抱持相同觀點，儘量減少物質層面的需求，不穿襪子、不剪頭髮、不穿睡衣。他的辦公室亂七八糟，因為他認為整理辦公室是在浪費寶貴時間，而且白費他的專注力。

愛因斯坦的第二任妻子愛爾莎・洛文塔爾（Elsa Lowenthal）為愛因斯坦打理一切，讓丈夫能專注於研究工作，從來不要求回報。有一天，愛因斯坦夫婦和另一對夫婦在一塊，愛爾莎看見那位太太請先生幫忙拿外套，嚇了一跳。「我從來不請教授做這種事。」她說。

愛爾莎因心臟與腎衰竭去世後，愛因斯坦像個迷惘的小男孩在家中遊蕩，他先前太專注於做研究，根本不曉得如何持家。

愛因斯坦經常做白日夢，偶爾竟然連如何從辦公室回家都忘了。有一次，他甚至致電普林斯頓教務長辦公室，問接待員知不知道愛因斯坦教授的住址，接待員表明她無法擅自提供個人資訊，愛因斯坦這才說自己就是愛因斯坦教授，他在回家的路上迷路了。

愛因斯坦與愛爾莎買下普林斯頓市莫瑟街一一二號的房子，距離普林斯頓高等研究院不遠，天氣好時愛因斯坦會走路上下班。走路上下班的愛因斯坦，成了普林斯頓市的代表性標誌，人們偶爾會看到他走在樹蔭下的人行道默默沉思。愛因斯坦表示，他散步時思緒比較活躍，他甚至太專注於腦海中的實驗與理論，根本不會注意到周遭事物。

觀光客認出下班回家途中的愛因斯坦，邀請他合照，愛因斯坦總是大方地停下來拍照，再默默走開，彷彿沒有遇到觀光客，思路也不曾中斷。

物理白日夢

說到迷失在追逐新想法中，愛因斯坦可是鼎鼎有名，他在蘇黎世當專利鑑定員時的白日夢，奠定了相對論的基礎，所以也很難想像會有哪個主管強迫愛因斯坦專注於眼前的工作。每次愛因斯坦受邀演講，即使演講時間與他在高等研究院的工作時間衝突，他還是想應邀露臉。他接下高等研究院的工作後，原本打算同時接受加州理工學院的聘僱，弗萊茲得知此事時相當擔心與驚恐，但他語氣平靜地告訴愛因斯坦，高等研究院需要愛因斯坦的全力幫助才能成長，而且如果他待在一間研究機構專心執行一項計畫，效率肯定比較高。

弗萊茲說得沒錯，愛因斯坦為高等研究院帶來聲望、慈善資助，也幫助弗萊茲招募更多科學家，不過對愛因斯坦而言，他若到加州理工學院工作，也許能和密立根（Millikan）與費曼等著名物理學家合作，獲得更好的研究成果，而不是被普林斯頓高等研究院的數學家排擠。

愛因斯坦在一九四一年——第二次世界大戰的黑暗年代——和古怪的心理醫師威

廉・賴希（Wilhelm Reich）合作，這是他所有白日夢中最丟臉的一個。當時，賴希寫信告訴愛因斯坦，他發現一種「生物有效的能量」，這種能量和所有已知的能量不同，也許能「用以對抗法西斯毒害」。賴希聲稱自己尚未發表這份研究，是因為他過去和傳統物理學家有過「不好的經歷」。

換成別人，必定會懷疑「未曾被發現且無限量的生物心理能量」，但收到這封信的不是別人，而是用 $E=mc^2$ 公式開發取之不盡新能源的愛因斯坦。質量能轉換成能量，鈾原子分裂成兩個較小的原子，質量總和小於原本的鈾原子，就表示它釋放出巨大能量，可以產生劇烈爆炸——既然質量能轉換成能量，誰說生物心理能量不可能存在呢？除了這樣的思路，愛因斯坦也衷心希望納粹戰敗，終結世界大戰。

愛因斯坦與賴希數度於愛因斯坦位在普林斯頓的住家見面，一聊就是好幾個鐘頭，兩人在接下來數年一直透過書信連絡。愛因斯坦建了一臺機器，測試賴希所謂的生物心理能量，發現賴希的「大發現」其實能用很簡單的電磁原理說明，他向賴希解釋後，本以為事情就這麼結束了。

愛因斯坦萬萬沒想到，賴希後來私下出版了一本書名為《愛因斯坦事件》（*The*

Einstein Affair），書中提及他們兩人的討論與書信往來，暗指愛因斯坦支持他的理論。愛因斯坦表示，他對賴希的理論並沒有十足把握，卻還是招惹上偽科學的臭名，普林斯頓其他物理學家都在背後嘲笑他。

價值連城的松鼠

你不能讓聰明部屬追著松鼠到處跑，但如果你只准他們朝預定的目標前進，他們也許會錯過其他領域的大突破。大部分的突破都源自天才的白日夢，而白日夢的主題通常都和手邊工作無直接關係，像是在專利局工作的愛因斯坦不專心於眼前工作，卻想到了改變世界的相對論，就是最好的案例。

領導人不該侷限天才的思路，主管的關鍵任務就是讓聰明部屬自由發想，他們有時候分心了，卻能有所突破，而且這樣的突破可能價值連城。

不妨想想，如今的很多大企業都曾是某人的突發奇想。星巴克（Starbucks）原本是咖啡豆與濃縮咖啡蒸煮器材的批發商，現泡熱咖啡最初不過是它微不足道的小點子。

推特（Twitter）一開始不過是Odeo網站實驗性質的小計畫。3M能發展得如此成功，是因為一名砂紙銷售員發現非永久性黏著劑很有市場，他的小實驗後來成了紙膠帶、思高（Scotch）膠帶與便利貼。

管理聰明部屬最主要的難處，就是如何取得專注與自由的平衡。部屬專注於手上工作才會有效率，但他們偶爾會有價值連城的新想法，甚至能開拓全新的市場與產業。有些松鼠值得去追逐，關鍵是如何分辨值得與不值得。

分心vs.創新

大多數領導人無法辨別創新點子與分心想法的差別，此時聰明部屬就站在交戰兩軍的中央，一端是各種毫無價值的古怪想法，另一端是有機會讓組織重獲新生的創新點子，而身為領導人的你卻看不出部屬的點子是哪一種。

兩端都想得到部屬的注意力，部屬和你會因此動彈不得，生產力直線下滑。你現在面對的重大挑戰，是分辨哪些想法白費錢財和時間，哪些想法是真正的創新，你可以採用底下兩種思想實驗做判斷：

1. 提出想法的人願意自己出錢，把點子化為產品嗎？人一旦要用自己的資源把點子付諸實行，就會變得格外吹毛求疵。

2. 這個點子會強化你們的核心目標嗎？聰明部屬的新想法，能不能使眼前的任務提升到新的層級？星巴克在零售商店販賣熱咖啡，把咖啡豆與咖啡機賣給最好的客戶——它自己。星巴克的核心目標是推廣喝咖啡的習慣，短期目標是售出更多的咖啡機與優質咖啡豆，在零售店面販賣特製咖啡雖然不符合短期目標，卻實現了核心目標，況且星巴克後來也在零售店面販售自己的咖啡豆，達成了短期目標。

Odeo 網站的核心任務是透過網路加深人際關係，而推特在這方面的成效比較好，Odeo 發現推特更能夠實現目標，於是接納了推特。比起個別計畫，Odeo 更重視核心目標，推特也因此能獲得成功。

用五個問題選擇好想法

你可以用下列五個問題，幫助自己和聰明部屬判斷某個想法是否值得追逐。如圖9.1所示。

1.這是新做法嗎？這個問題也許已經有很多人嘗試解決，如果你們不採用新方法，就不可能成功解決問題。用別人試過的老方法處理問題不可能成功，除此之外，這也可能是他人的智慧財產，用同樣的方法只不過是為人作嫁。實驗室調查員傑克・尼可洛夫（Jac Nickoloff）曾諷刺地說，只要上網查一個下午的資料，就能省下做一整個月實驗的工夫。很多時候，別人已經證實某種實驗方法無效，只要花點時間查詢就能找到失敗案例，這也是愛因斯坦發表失敗研究的原因——有些人就是不肯花時間查資料，後來才驚覺重蹈了別人的覆轍。

2.這個想法可行嗎？新想法可以介於可行與不可行之間，但必須有成功的可能性。

舉例來說，人類有可能登陸火星，但不可能登陸金星，金星的大氣層充滿攝氏四百六十多度的硫酸，連鉛都會被融化，如果我的部門有人提出登陸金星的計畫，我就不可能批准這項實驗。

3. 你的團隊經費夠嗎？除非你的團隊有比爾·蓋茲等級的富豪撐腰，你才不用反覆思考要將資源用來執行哪些計畫。你當然能把所有資源孤注一擲，像雷神公司一樣賭一把，但如果你貫徹的新想法不如微波爐成功，你的數據資料不足以募得更多資金，你的團隊就可能因為一個想法而滅亡。

4. 這個想法夠具體嗎？會不會損害其他計畫？探索新想法的機會成本不能太高，就算嘗試的新點子最後沒有成功，也不至於傷害到原本的計畫。別因為團隊探索新的可能性，而有人因此被解僱。

5. 這個想法漂亮嗎？要如何判斷一個想法是否漂亮？「漂亮」有兩種，一種是我所謂的「拍額頭般漂亮」，你聽到有人解釋這種想法時，會拍自己的額頭說：「對，我怎麼沒想到！」這想法雖然新鮮，卻是整個團隊都能理解的想法，不是只有天才能聽懂。這種想法就像好的笑話一樣，每個人一聽就懂，也明白當中的來龍去脈，而且聽了會忍不住笑出來。

第二種漂亮是「超脫世俗的漂亮」，聽到這種想法就像看到日蝕，你會覺得自己在浩瀚的宇宙中十分渺小。聽到超脫世俗的漂亮想法，你會敬佩天才的洞察力，感覺像見證了神聖事物，其他人聽了也像是走進西斯汀小堂（Sistine Chapel），被壯觀的畫面所震懾。這種想法超越團隊的能力，但團隊會加倍努力，每個人都因有幸參與這項計畫而感激不已。

這種想法近乎神聖的美感會在你心中札根，如果計畫失敗，你也很難就此放棄，但你不能把這種驚歎誤認為具有實用性的潛力。超脫世俗的想法魅惑人心，無論是聰明部屬或領導人都可能愛上這些想法不可自拔，忘了思考它們是否真的對整個組織有益。領導人的工作就是幫助天才放下對公式之美的讚歎，專注於對團隊有益的工作。請參見圖9.1。

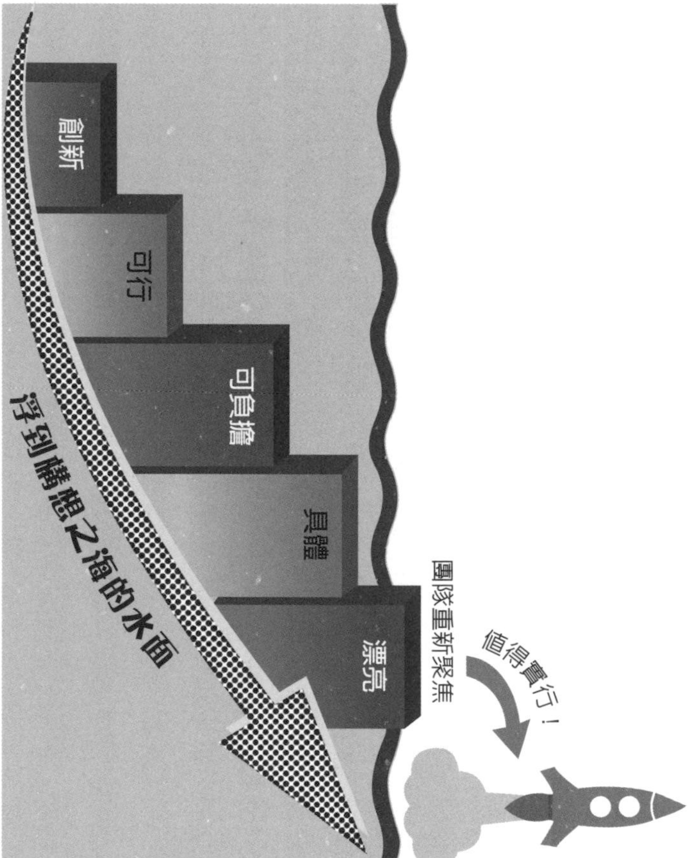

圖 9.1

讀到這裡，你會發現「取得平衡」再次成為管理聰明部屬的首要任務。如果你允許部屬追逐新想法，就會忘了初衷，團隊也不再團結，最後不僅沒能完成原本的計畫，部屬也無法貫徹他們追求的新想法。

反過來說，如果你過於侷限聰明部屬的創意，他們就沒辦法有所突破。你可以用上述五個問題測試新點子，同時訓練自己謹慎選擇與專注的能力，這些問題可以幫助你找到能轉換成商品與帶來收益的點子。

聰明部屬天生容易因為新想法而偏離原本道路，但一個人再怎麼聰明也不可能研究全世界的每一門學問。鑑於某些新點子有機會開拓全新的產業，決定要追逐哪一隻松鼠，便成了領導人的重要課題。

本章一點通

好的領導人無視松鼠，優秀的領導人謹慎選擇要追逐哪幾隻松鼠。

第十章

守則 8

達到心與腦的和諧

無論怎麼想、無論多努力維持堅強與專業，我們和部屬的生活都還是會受情緒控制。當聰明部屬的心與腦達到和諧時，他們的生產力最高，如果心裡不舒坦，他們的腦袋就無法專注、無法發揮創意。他們的才智會受混亂的情緒干擾，無法自在奔馳在想像空間中。

弗萊茲明白這一點，向來對他的員工很有同理心，他試圖說服德國數學物理學家赫爾曼・外爾加入高等研究院展現的耐心，正是最好的例子。先前提過外爾的妻子是猶太人，外爾深愛他的妻子，眼看納粹的權勢日益升高，內心愈來愈不安。弗萊茲在一九三二年邀請外爾成為普林斯頓高等研究院的一員時，外爾是世界一流數學團隊哥廷根大學數學院的院長，外爾先是接受了弗萊茲的邀請，又婉拒，後來又「正式」接受。

弗萊茲欣喜若狂，高等研究院理事會也同意外爾的人事案，沒想到在一九三三年，正當外爾準備搬到美國前，他的岳母死於流感。外爾捎了封越洋電報給弗萊茲，表明自己還是應該留在德國。

外爾後來表示，他原本希望留在德國，一方面是想影響當時的德國政治，但他的種種努力並沒能阻止納粹掌權，當初的想法過於天真。外爾困在對國家、大學和妻子的愛之間，結果得了重度憂鬱症，甚至住進蘇黎世的一家醫院。

高等研究院理事會認為外爾的舉動是一種侮辱，撤回聘請外爾的決定，把原本要給外爾的職位讓給約翰．馮．諾伊曼。諾伊曼後來在電腦的發展史上扮演了關鍵角色。

外爾住院期間，納粹解僱了哥廷根大學的猶太職員，其他職員也大多辭職以示抗議。等到外爾回到物是人非的哥廷根大學數學院，他為妻子面臨的危險糾結不已，認為只有舉家遷離德國才能解套，但恐怕為時已晚。

外爾聯繫了數間大學，但這段時期有太多優秀科學家逃離德國，沒有一間大學有職缺。外爾為了妻子的安危擔憂得像熱鍋上的螞蟻，此時，一直和他保有聯繫的維布倫聯合其他人把此事轉告弗萊茲。

弗萊茲大方地邀請外爾填補另一個職缺，外爾立即答應了，他和家人設法在納粹接獲風聲前離開德國。三年後，外爾寫信對弗萊茲說：「親愛的弗萊茲教授，我和太太每年離開普林斯頓過暑假，就會再度意識到我們實在欠你太多。」

弗萊茲理解外爾的複雜情緒，他忠於自己的大學、熱愛自己的祖國，也深愛自己的妻子，糾葛難分的情緒妨礙他依理性行事。弗萊茲知道，說到底，天才也不過是個人。

弗萊茲沒有因為外爾當初拒絕他而懷恨在心，他放下情緒，幫助外爾的妻子免受納粹迫害。因為弗萊茲的寬容和體諒，即便外爾改變心意、拒絕高等研究院的邀請，他們依然可以維持友好關係。

孤單一人的週五夜晚

某個週五深夜，我正準備離開我們的醫學中心大樓，突然看到急診室裡有個穿著刷手服的人，後來才知道是我們單位最出名的心臟病學家，他先前還協助發明了一種新的心瓣膜替代物。我知道他前一晚值班，納悶地問他為什麼還沒回家。

「我和太太大吵了一架，實在不曉得該怎麼面對她，所以現在寧可待在醫院也不想回家。」他回答。

我沒想到他會如此掏心挖肺地回答我，於是陪他坐下來聊聊，試著向他解釋如果精神狀態不佳還留在醫院值夜班，對病患沒有好處。況且，這只會加深他和太太的嫌隙，對太太避不見面並不能解決問題，只是延遲必然會發生的爭執。

我們討論疲勞對創意的負面影響，病患找他，是希望他能用創新方法治療心臟問題，如果他因疲勞而敷衍了事，對誰都沒有幫助。如果他因為家庭問題而留在醫院，逃避婚姻問題帶來的痛苦，他就會心神不寧、感覺疲憊，無法專心醫治病人，病人缺少他的幫助可能就會喪失活命機會。他聽了我的說法嘆一口氣，決定回家面對問題，後來他和太太尋求婚姻諮商師的幫助，終於找回心與腦的和諧。

天才需要團隊

現今許多帶動世界進步的發明與發現，都是由天才和其他成員組成的團隊所完成，已經很少有獨自窩在地下室做研究，就能締造科技進展的孤獨科學家了。在過去，天才即使有性格上的缺陷也無妨，因為他們大部分時間都獨自工作，例如牛頓（Newton），許多文獻指出牛頓是個凶暴、不友善的人，但他獨自進行數學研究，不友善的性格不會影響到別人。

但現在與過去不同，物理學的進步大多由多人組成的天才團隊完成，每個成員負責研究問題的一小部分，負責的部分雖小，難度卻非常高。此時，憤怒、霸凌與自私就藏不住了，這些都足以摧毀整支團隊。在現今的世界裡，天才必須與他人合作才能在該領域有所突破，所以溝通技巧、坦誠待人和團隊情誼變得無比重要，而這些是源自內心——不是腦袋——的特質。

天才心中存有能被點燃的熱情，你身為領導人的工作就是找到並點燃那份熱情。你必須觸及他們心中的熱情，他們才有辦法成功。

一個打從心底關心某個問題的天才，才有機會突破界線。唯有處在溫暖且支持他們的環境——不會因為想法過於激進而受罰的環境，才能讓他們擁有思考極端或荒謬事物的自由。

伽利略（Galileo）原本致力研究地球是否繞著太陽公轉，但當他看到可能用來對付他的刑具後，瞬間喪失生產力。愛因斯坦的相對論可說是空前的成就，他當時在蘇黎世擔任專利鑑定員，身邊圍繞著許多朋友，和第一任妻子米列娃（Mileva）也正處於愛情的蜜月期。

聽瑪莉的話

開特力（Gatorade）運動飲料的發明者羅伯特・凱德（Robert Cade）是個快樂的天才，也是腎功能專家，但他都是在跟對腎功能一無所知的妻子瑪莉（Mary）討論事情後得到靈感，發明新產品。

凱德休息時常散步到佛羅里達大學，觀看短吻鱷美式足球隊（Florida Gators）的夏季練習。佛羅里達州的夏天感覺像是有人把溼熱的毛毯蓋在你頭上，你會呼吸困難，不停流汗，而且汗水永遠不會蒸發。美式足球球員每次練習都要喝大量的水，凱德卻發現球員練習後幾乎沒有尿尿，他提出現在美國人已熟知的問題：「為什麼球員練球後不尿尿？」

凱德刮下球員身上的汗水，分析他們流失的鹽分，發現這些美式足球球員在一場練習賽後流失的液體量高達十八磅，而且汗液不僅含鈉，還含鉀。既然喝水不足以讓球員在比賽時維持血液中的電解質濃度與精力，凱德認為球員應該在喝水的同時補充鈉與鉀，並且需要葡萄糖幫助身體吸收鹽分。

凱德迫不及待要幫助佛羅里達的美式足球隊贏過對手，他和團隊發明了最早的運動飲料，讓正在就讀大一的美式足球球員實驗運動飲料的效果。他們的飲料確實能幫助球員維持精力，但沒有人想喝，因為正如凱德的其中一名團隊成員達納・沙爾斯（Dana Shires）所說：「它喝起來有點像馬桶清潔劑。」

有一天晚上，凱德將問題告訴太太瑪莉，說他的運動飲料很難喝，球員喝得太少無法補足比賽中流失的液體與電解質。在瑪莉的建議下，凱德在運動飲料中加入超市販賣的檸檬飲料，開特力就這麼誕生了！

開特力首次展現神奇效果，是在一九六五年佛羅里達對路易斯安那州立大學的美式足球賽，那天氣溫將近攝氏三十九度，路易斯安那州立大學隊在下半場表現不佳，喝了開特力的佛羅里達短吻鱷球隊卻依然精力充沛，贏得比賽。佛羅里達球隊的教練相信這場勝仗是開特力的功勞，他請凱德的團隊生產足夠供短吻鱷球隊使用一整個球季的運動飲料。

短吻鱷球隊在一九六七年後來居上，贏過喬治亞理工學院奪得橘子盃（Orange Bowl），成為以精力旺盛著稱的球隊。喬治亞理工學院球隊的教練鮑比・杜德（Bobby

Dodd）在賽後的記者會說，他的球隊會輸是因為「我們沒有開特力」。

直到今日，我過去的院系與佛羅里達大學仍然受惠於凱德的才能與堅持，我們學校授權凱德的團隊使用「開特力」（Gatorade）這個從短吻鱷隊（Gators）發想的名字，獲得數十億美元的版權金，這些錢被用於生醫研究以及訓練年輕科學家診治腎病。

凱德醫師於二〇〇七年過世，他的妻子瑪莉至今仍會參與我們大學舉辦的社交活動。在一場慶祝開特力發明紀念日的盛宴上，我對她說：「若不是有妳，學校不會有今天，開特力也不會問世。」瑪莉笑著說：「別這麼說，就算沒有我，別人也會發明開特力啊。」

我不這麼認為。所謂天才，是有本事串起別人沒看到的事物，得到乍看之下再明顯不過的結果，瑪莉對這個價值數十億美元事業的貢獻，並不亞於羅伯特．凱德，凱德爬上山，但是瑪莉助他攻頂。我相信凱德能有如此卓越的成就，歸功於他和瑪莉的關係，瑪莉支持他、給他發揮創意的自由，她專心傾聽凱德敘述工作上的問題，甚至在不知何謂積極聆聽（active listening）的情況下，採用了積極聆聽的方法，營造一個精神上支持凱德的環境。

我有時候很好奇，是否有很多天才處在不夠合適的環境中，以致無法一展長才，未被領導人發掘？真正優秀的領導人能找出天才，為天才量身打造一個能賦予安全感與支持的環境。優秀的領導人有如伯樂，能找到英才，然後幫助他發揮長才。

愛因斯坦的情事

即使是愛因斯坦這樣的天才，也會受情緒影響失去生產力，表現失常。在一九〇五年，愛因斯坦提出光電效應理論，榮獲諾貝爾物理學獎，他後來以此理論為基礎提出狹義相對論，也就是眾所周知的 $E=mc^2$。他把這段時間稱為「奇蹟之年」，他在短短期間內靈感有如泉湧，根本來不及記錄種種想法。

愛因斯坦在伯恩專利局的辦公桌上擺了一疊紙卡，急著把接踵而至的新點子寫在卡片上。他為自己的想法驚歎不已，深愛數學公式之美，也為新想法開啟的新世界感到欣喜。愛因斯坦的奇蹟之年，恰好與他和伯恩大學物理系學生米列娃・馬利奇（Mileva Maric）熱戀的時期重疊。

他工作時一邊做白日夢一邊在紙卡上塗寫，腦中突然浮現他後來稱為「此生最幸運的點子」的畫面：一個人從高樓摔下來，他在墜落過程中掉了一樣物品。下墜的人和物品的相對關係為何？愛因斯坦就是運用他想像的畫面構思以重力為基礎的狹義相對論。

愛因斯坦在熱戀時期創意源源不絕，但十年後情況丕變。他和米列娃的婚姻漸漸崩毀，兩人經常爭吵，名聲愈來愈響的愛因斯坦因工作需要而減少與家人相處的時間，他和妻子的每一次互動都是劍拔弩張。

為了孩子，愛因斯坦同意和米列娃維持婚姻關係。他不愧是一名科學家，還列出維繫婚姻的種種條件，令人咋舌：他要求米列娃幫他打掃房間，每天送三餐到他房間，不准有任何涉及個人的對話或親密舉動。此外，米列娃不得要求愛因斯坦抽空陪她，或跟她一起去辦瑣事，愛因斯坦叫她停止說話時就要馬上閉嘴。後來，就連愛因斯坦也為自己的無理要求感到懊悔，他曾寫信給朋友米給雷・貝索（Michele Besso）說：「男人都是可悲的生物，要靠別人才活得下去。」

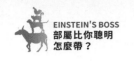

米列娃與愛因斯坦分居時，貝索試圖介入挽救他們的婚姻。他在一九一六年到蘇黎世拜訪米列娃，之後寫信請愛因斯坦趁暑假期間試著和米列娃復合，卻被愛因斯坦斷然

拒絕。

「我若不是找到將她推遠的力量，身心肯定早就崩壞了。」愛因斯坦回信道。

愛因斯坦最後與米列娃離婚，答應把諾貝爾獎的獎金留給她。愛因斯坦於一九一九年和愛爾莎·洛文塔爾結婚，愛爾莎為他處理家務、繳費、管理日程，而且她從不抱怨，從不要求愛因斯坦為她做任何事，只要能沐浴在丈夫的光環下，她就感到心滿意足。

新婚幾年之後，愛因斯坦與愛爾莎的關係轉型為柏拉圖式婚姻，愛因斯坦有過多次婚外情。他是個魅力十足的偶像，受他吸引的不只科學家，還有女人，他和祕書貝蒂·諾伊曼（Betty Neumann）發生過關係，他在信件中提及的六名女性可能是情婦。

愛爾莎似乎不介意，繼續為愛因斯坦管理普林斯頓市莫瑟街一一二號的家，讓丈夫不僅在高等研究院能自由工作，在婚姻中也能自由戀愛。

隨著愛因斯坦年紀增長，他愈發慷慨與溫柔，對比之下，他當初對米列娃的種種要求更顯得荒誕。愛因斯坦的行為顯示，即使是最聰明的天才，也會受壓力與緊張情緒驅使，做出有違本性的事。情緒能使天性良善的天才變得冷酷，心左右了腦袋的想法，我們所有人——包括愛因斯坦——都難逃心的掌控。

環境能塑造天才

在伯恩的專利局工作時，愛因斯坦身邊有朋友，也有接納他的良好環境，他的主管弗萊德里希・哈勒（Friedrich Haller）親切隨和，沒有制止愛因斯坦在上班時間於紙卡塗寫千奇百怪的想法。愛因斯坦日後表示：「我最巧妙的想法都是在那裡誕生的。」

愛因斯坦有個富有的大學同學也住在伯恩，這位名叫馬塞爾・格羅斯曼（Marcel Grossmann）的朋友常讓翹課的愛因斯坦在考前參閱他的筆記，愛因斯坦從伯恩大學畢業，開始找工作時，是格羅斯曼幫他找到專利局的工作。

愛因斯坦最好的朋友米給雷・貝索在精神層面支持愛因斯坦，鼓勵他讀實驗哲學家恩斯特・馬赫（Ernst Mach）的著作，馬赫認為只有基於實驗或數學分析的結論才值得人們相信。

愛因斯坦相當欣賞馬赫「廉潔的懷疑主義」，受馬赫的影響，他做事時也抱持著樂觀的懷疑，小心測試自己的假設，從不讓自尊心妨礙他承認自己有錯誤。

在專利局工作時，愛因斯坦得以一展長才。鑑定專利雖然是無聊的工作，卻需具備對細節的敏銳度、驚人的記憶力，以及工程與數學知識，愛因斯坦必須謹慎地運用邏輯思考，判斷新專利是否侵犯其他專利。

愛因斯坦舉世聞名後，伯恩專利局銷毀他過去的工作紀錄，如今幾乎找不到愛因斯坦的專利評估報告，只剩一九〇七年的一份法庭文書。他在文書中否決了柏林AEG電器公司的交流電機器專利，原因是它「不正確、不精確，並且沒有明確製備流程」，往後，精確性成了愛因斯坦的堅持。

迅速完成專利局的無趣工作後，愛因斯坦把剩餘時間用來在紙卡上塗寫數學公式，每次主管從旁邊走過，他就馬上把紙卡塞進抽屜。專利局的工作除了訓練他嚴謹思考，賦予他懶散的生活規律，還讓他在有薪水可領的同時不受干擾地探索問題。

當時尚未取得博士學位的愛因斯坦，不受現有物理學界的成見與既有模型侷限，他早在成為任何一間大學的職員前，就有了能支薪做研究的工作。他在專利局工作時受到的干擾，比之後在大學或研究單位工作時少得多。

友善的環境允許愛因斯坦發揮才能。我們常認定天才天生比一般人聰慧，卻忽略了環境對他們產生的正、負面影響。

內在一致性

要幫助聰明部屬達成內心的最終目標，就是引導他們達到內在一致性，找到心與腦的和諧。就算是天才也無法在情緒與思維衝突時表現良好，心與腦不協調帶來的認知失調（cognitive dissonance）可能很強烈、很痛苦；強烈，是因為它能改變人的行為；痛苦，是因為它能使人大受打擊，以致部屬無法應付你希望他們處理的難題。

認知失調可能使部屬行為失常，影響整個團隊。要照顧部屬的心，就必須幫助他們達到內在一致性，尋求情緒與智慧的同步，讓他們有效地發揮創意。

我們常大費周章地維持內在與外在環境的一致性，如果腦或心因為某件事無法協調，我們就會強迫其中一個配合另一個。如果情緒告訴我們，想得到某個得不到的東西，腦就會編出各種理由告訴自己：我本來就不想要那個東西。

一項著名的認知失調實驗顯示，人會為了避免認知失調而自欺。實驗受試者都必須完成乏味的工作，一半的人會拿到二十美元，另一半的人則會得到一美元，兩組人完成無聊的工作後，必須試圖說服另外一組人這項工作很有趣。完成上述任務後，研究者請兩組人回答他們做的工作是否有趣，拿到二十美元組認為工作很無聊，拿到一美元組卻認為工作很好玩。

做這項實驗的心理學家提出解釋：拿到一美元組把工作評為有趣，是因為他們必須達到內在一致性，才有辦法說服別人工作很有趣，認知失調造成的心理不平衡導致他們對自己說謊。至於拿到二十美元組，由於說服別人時獲得較多的金錢報酬，不需要再編造內在理由對自己說謊。

認知失調是聰明部屬必須面對的問題，他們可能會為了內在的協調而自欺，相信自己的謊言，他們是為了內在和諧而改變自己對現實的認知。這種傾向會在部屬的思維中種下瑕疵，像電腦蠕蟲似地侵蝕部屬的思考過程。

處於心與腦不協調的狀態，部屬會因認知失調而無法施展才華，他們會為了解決認知失調而相信謊言。只要部屬腦中的某個角落存在一丁點不協調，他們的心理與創意就會受殘害。

心與腦、情緒與認知的不和諧，可能源自愛情不順，也可能是因為領導人無法成為有力支柱。如果部屬受到權力或財富誘惑，也會產生認知失調，導致他們有負面表現，在這種情況下，都是心驅使部屬的腦袋做出會有不良後果的事情。

無論部屬是否意識到這些行為長期而言對他們有害，他們就是無法自制，因為他們已允許謊言在腦中生根，為了維持認知協調而接受了不真實的事物。

解除認知失調的方法

情緒與認知不協調時，你必須先和部屬建立關係，才能找到造成不和諧的原因，你必須付出時間與耐心。以下幾種方法能幫助你和部屬建立互相信任的關係：

先自省，這是防止自我中心的第一步，也是關鍵的第一步。你在自我評量後，會對部屬心中的想法更敏銳，有助於你解決他們的情緒問題。

積極傾聽能幫助你在問題擴大前，掌握令部屬困擾的問題。部屬可能很忙，建議你安排一段面談時間，我通常會提供飲料——像是咖啡或無糖汽水，因為吞嚥這個動作能減緩心跳，降低緊張。

用委婉的方式和部屬談論心事，以免引起反感。我不會直接問他們和另一半的關係，而會問他們假日約會時間會不會太少；我不會問他們小孩是否行為不端，而會問他們對孩子就讀的學校有沒有意見。**用不具威脅性的問題開啟話題，再用積極傾聽的追問與總結式問題深入了解狀況。**

在建立互信，引導部屬說出困擾前，你必須透明化。你要讓部屬相信你是出於純粹的關心，並沒有其他企圖，他們才可能透露自己創意受限的原因。

強化團隊情誼與煉金術，減少部屬的孤獨感。找到最合適的人才組合，你就能製造更多機會讓部屬坦言心中的壓力。

花時間去了解部屬的生活。很多領導人不願意這麼做是因為太耗費心力與時間，但如果對部屬漠不關心，你之後還是必須付出生產力下滑的代價，而且可能失去更多。

留意部屬是否流露出內心不和諧的跡象？是否心不在焉或比以往更急躁？是否變得暴躁易怒？有沒有比平時更好鬥，蓄意妨礙他人辦事？以上都是心與腦不協調的徵兆，我把這些症候群稱為「情緒裂解」（emotional disintegration），如圖 10.1 所示，心與腦如果不和諧，部屬的情緒就會開始與思緒脫節。

解放創意

此時，部屬的心與腦彷彿在說兩種不同的語言，無法互相理解，因此最後會分道揚鑣。部屬通常會否認自己的心與腦正在逐漸分裂，這是認知失調的痛苦所導致的自欺，你的工作就是幫助他們看穿自己的謊言。

若放任不管，任由情緒裂解，部屬將會孤立自己，疏離其他團隊成員，而且他們無

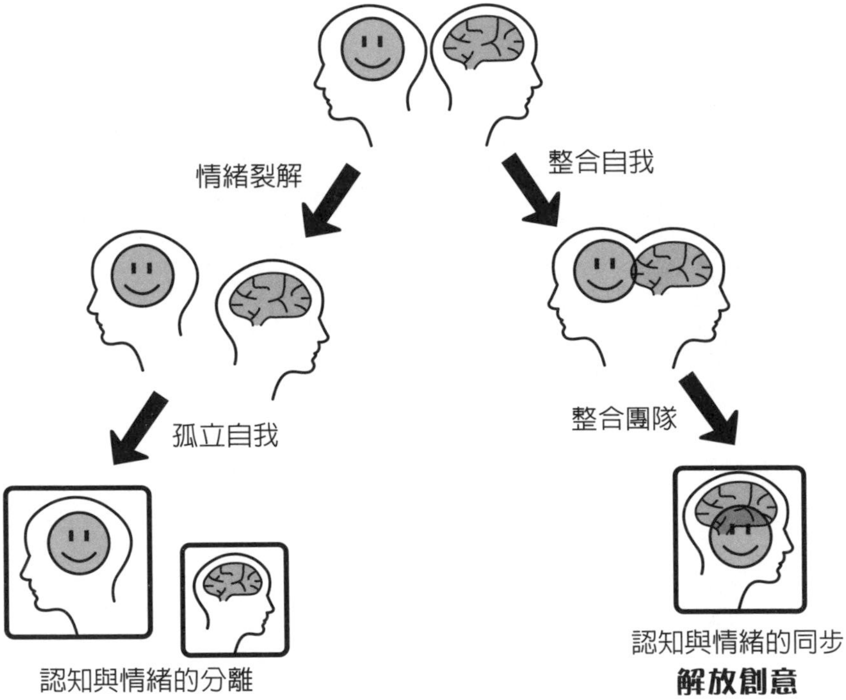

圖 10.1

法專注於眼前問題，也無法發揮創意。只有達到心與腦同步，自我整合的部屬才有辦法融入團體。

你肯花時間協助部屬協調心與腦，就是在投資自己的團隊，因為心腦和諧的部屬可以提升創意。情緒會為心智提供動力，引導部屬踏上創新之路。每當部屬在某個領域有新突破，都是先在內心看見那份美麗——愛因斯坦曾說，他總認為有個美麗的公式隱藏在未知迷霧中，呼喚著他。

有時候，部屬遇到的問題太過棘手，例如親人罹癌，這並不是領導人能幫忙解決的問題。在這種情況下，領導人可以選擇陪伴，幫忙分擔痛苦。你雖然無法消除部屬的痛苦，但能讓他感到不孤單。

數年前，我底下一位小主管的女兒因白血病離世，該部門的職員幫忙代理他的晚班與週末班，盡可能減少他離家的時間，他們甚至幫他成立了以女兒為名的奇菈・葛蕾絲基金會（Keira Grace Foundation），募款幫助多明尼加的罹癌孩童。小主管對他們感激不已，團隊相處得更加融洽。

部屬遭遇人生困境時，如果你能展現支持、盡可能提供幫助，就能建立堅定的情誼。

我五歲時，父親患了風溼熱，有整整六個月無法工作，過去並沒有可支薪的病假，父親的老闆卻依然照付薪水，允許父親恢復健康後再回去工作。老闆的慷慨換得父親更甚以往的忠誠，他一直跟隨那位老闆不曾離開。

關心部屬的心，也能達到這種效果。溫暖的行為能換得部屬的忠誠，而忠誠就是維持團隊穩定和諧的關鍵。

本章一點通

部屬用來創新的不只是腦，還有心。

第十一章

守則9

讓顧者上鉤

人都喜歡做自己感興趣的事，你身為聰明部屬的領導人，必須讓他們專心做對團隊有益的工作。聰明部屬一旦做起感興趣的事就可能廢寢忘食，若缺乏特別強的動力，想要他們停下手邊工作開始執行新計畫——即使是有趣的計畫——是非常困難的事。若是要說服聰明部屬做他們不想做的事，更是難上加難。

部屬可以提出五十個好理由，說明為什麼他們該做想做的事，而不是你指定他們做的事，他們比你聰明，可以提出更合理、更有說服力的理由。團隊的新計畫可能比較重要，你的想法也可能正確，但要讓聰明部屬理解這點並非易事。為了團隊的利益，你必須改變部屬的前進方向。

身為領導人，你必須讓部屬受新計畫吸引，你要把目標說得像是尚未存在的產品或問題的解決方法。如果聰明部屬的工作是創新、讓別人從未想過的事物成真，那你的工作就是讓他們相信新計畫有等著被他們發現的新事物。美國前總統德懷特·艾森豪（Dwight Eisenhower）曾說：「動力是一門藝術，賦予別人動力，就是讓他們依自己的意願去做你要他們做的事。」

弗萊茲十分熱情，班伯格兄妹等人和他初次見面，討論如何運用捐款時，他們希望把捐款用在紐華克打造一間專門供猶太學生就讀的醫學院，弗萊茲卻認為紐約都會區已經有多所開放猶太學生就讀的醫學院，不需要另外一間。弗萊茲向班伯格兄妹等人說：「你們有過夢想嗎？」他開始說明他心目中的普林斯頓高等研究院，班伯格兄妹被他充滿熱情的理想深深吸引。

以願景為餌

領導人要如何激勵聰明部屬呢？最好的辦法，就是以願景為餌。到了一九三〇年，愛因斯坦認定自己在德國沒有未來，所有發展機會都因納粹勢力漸增而受阻，他開始思索是否該接受馬德里、巴黎、萊頓、牛津、土耳其、耶路撒冷希伯來大學或加利福尼亞理工學院的邀請。多到數不清的知名大學與研究機構向愛因斯坦招手，他最後選擇了弗萊茲與普林斯頓高等研究院，為的正是弗萊茲告訴他的願景。

加州理工學院校長羅伯特．密立根（Robert Millikan）試圖網羅愛因斯坦，已經不是一、兩年的事，他在相當短的時間內籌組實力堅強的數學與物理團隊，並用實驗驗證愛因斯坦於一九〇五年提出的理論，證實光有粒子的特性。在當時，高等研究院不過是弗萊茲腦中的一個想法，一個得到班伯格兄妹支持的想法，愛因斯坦在加州理工學院當客座教授時，弗萊茲前去拜訪密立根，討論他對普林斯頓高等研究院的規劃。

弗萊茲表示，他不敢冒昧邀請全世界最著名的科學家到高等研究院工作，更何況當時密立根正試圖說服愛因斯坦留在加州理工學院，弗萊茲和愛因斯坦都是密立根的客人，弗萊茲若在此刻邀請愛因斯坦未免太過失禮。

最後，愛因斯坦解決了問題，他人還在加州理工學院時便主動聯絡弗萊茲。眼見機會的大門敞開，弗萊茲便把握時機約愛因斯坦見面。第一次見面時，弗萊茲稱讚愛因斯坦高貴的舉止與「不加修飾卻又魅力十足的談吐，還有真誠的謙遜」令他著迷，兩人在加州理工大學的走廊來回散步，聊了超過一小時。愛因斯坦接下來還有別的行程，他在經人提醒三次後才依依不捨地離開。

數月後，弗萊茲到牛津拜訪愛因斯坦，兩人大部分時間都在牛津大學校園裡散步，討論弗萊茲成立高等研究院的規劃。弗萊茲表示愛因斯坦若加入高等研究院，他願意答應愛因斯坦的所有條件，愛因斯坦當時並未明確表態。

在試圖說服愛因斯坦的時期，弗萊茲也向哈佛大學數學家喬治・伯克霍夫（George Birkhoff）提出邀請，伯克霍夫回信接受，後來卻公開宣布自己將留在哈佛，傷害了高等研究院的聲望，降低其他科學家加入弗萊茲團隊的意願。弗萊茲為伯克霍夫的公開拒絕感到氣憤，但對外仍保持樂觀積極的態度，他沒有報復伯克霍夫，而是更加努力招募愛因斯坦。

弗萊茲和愛因斯坦個性迥異，弗萊茲行事乾淨俐落、熱情積極、有條不紊、感情方面很專一，也很寵愛小孩；愛因斯坦則向來衣衫不整、個性溫吞、生活混亂、感情生活甚複雜，鮮少和自己的小孩互動。儘管如此，愛因斯坦還是認同弗萊茲擘畫的願景，深受與世隔絕的普林斯頓高等研究院與專注於研究的生活吸引。

弗萊茲特地前往愛因斯坦位在德國鄉下的家，再度提出邀請，愛因斯坦這回同意將自己的條件寄給弗萊茲，並告訴弗萊茲他「想到這件事就非常激動」。弗萊茲的種種努力終於有了回報，他得到愛因斯坦的允諾後回到美國，也利用愛因斯坦的聲望，在經濟大恐慌初期重新獲得班伯格兄妹的金錢資助。

弗萊茲和愛因斯坦協商時有兩個優勢：他能支付高於其他大學或研究機構的薪水，

再加上他為高等研究院擘畫的願景十分有說服力。密立根得知愛因斯坦將加入高等研究院而非加州理工學院，當然很不悅。密立根向弗萊茲抱怨他偷走了愛因斯坦，也商請弗萊茲允許愛因斯坦把一半時間分配給加州理工學院，畢竟加州理工學院的物理研究遠勝於普林斯頓高等研究院，而物理學正是愛因斯坦專精的領域。愛因斯坦若去了加州理工學院，更能夠發揮創意，但密立根是個軍國主義與民族主義者，愛因斯坦極度厭惡這種人，此外，密立根不久前收了一位納粹支持者的巨額捐款，允諾不讓任何人在加州理工學院進行反德運動，這件事如果被愛因斯坦知道，兩人的關係勢必交惡。密立根沒能說服愛因斯坦加入他的學校，是因為他傳達的願景沒能觸動愛因斯坦。

個人的誘因

弗萊茲在邀請愛因斯坦的過程中，還有一些值得注意的小細節：他知道愛因斯坦喜歡自然與靜僻的環境，於是把高等研究院描述成一個寧靜的鄉村隱蔽處，沒有城市的喧囂，沒有一般大學煩心的事務與學生教學，科學家能專注做研究。普林斯頓周遭是農地與樹林，愛因斯坦可以安靜地散步。愛因斯坦也很喜歡乘船出遊，於是把小船停靠在附近，以便隨時可以搭船出航，享受在船上的時光。

邀請愛因斯坦演講的人不計其數，另外還有許多學術與研究機構試圖挖角，但普林斯頓是愛因斯坦最能夠舒適生活的場所。弗萊茲比誰都了解愛因斯坦對自然環境與個人時間的渴望。

金錢與動力

大部分組織都認為員工獲得的報酬愈高，愈會努力工作，這裡指的報酬不光是金錢，也包含其他形式的酬勞，像是工作穩定性、額外津貼與伴隨職位而來的社會地位。

報酬確實能激勵員工，但別以為薪水與福利就等於工作動力，動力還包含了影響世界的使命感。聰明部屬選擇工作時，除了考慮報酬，還會考慮這份工作是否能提供他們動力，一個只有報酬卻缺少動力的工作，只會讓部屬愈做愈感到疲憊，等到部屬難以忍受就會選擇跳槽。

雖然金錢不是驅使聰明部屬工作的全部動力，但如果他們覺得自己沒有得到應得報酬，他們會感到不滿，被人占便宜的憤怒會使他們分心。當部屬獲得的報酬不足以讓他們舒適生活，他們就無法專心工作。

昔日工業時代，勞工在工廠裡從事重複性的勞動工作，金錢是很有效的工作動力。但現在的工作性質轉變，重複性工作改由機器代勞。大部分的新發現都奠基於理論之上，發現新事物，也許要經過很多年才會找到應用途徑。弗萊茲也知道新發現與實際應用之間存在時間差，他在〈無用知識的用處〉（The Usefulness of Useless Knowledge）一文中指出，由於沒有人可以確切知道哪些發現最後能化為實用產品，人們應該支持為研究而做的研究。大多數領導人生活在由酬勞定義的舒適環境裡，從修習管理課程開始就被教導用酬勞激勵員工。聰明部屬的領導人必須給付部屬足夠的酬勞，至少別讓他們為錢煩惱，他們才有可能專注工作。

解決酬勞問題的方法之一，就是支付部屬超乎他們認為自己該得的數目。愛因斯坦要求的薪資低於弗萊茲原本預計給他的數目，弗萊茲在招募愛因斯坦的最後一次面談中，還得說服愛因斯坦收下較高額的報酬。弗萊茲並沒有因為愛因斯坦的要求較低，就給予低薪，將多的錢留作他用，反而竭力說服愛因斯坦收下較高額的薪水，避免愛因斯坦事後認為自己的報酬不公。

創新的喜悅與誘惑

很多菁英團隊的領導人都明白自己無法強硬要求部屬改變前進方向，所以會試探性地把部屬輕輕推往新方向，鼓勵他們朝領導人希望的目標前進，但沒有禁止部屬探索其他選項。諾貝爾經濟學獎得主理察・塞勒（Richard Thaler）曾說，「輕推」就是用每個人最原始的欲望打動人心……大部分人都會受這些欲望鼓惑，聰明部屬的欲望卻可能和一般人截然不同。

最近，我底下的一位小主管說「輕推」方法不管用。為什麼呢？答案是，他採用的是對自己有效的輕推方法，卻無法打動他的部屬，我們必須用特殊的輕推方法才能打動聰明部屬。

對他們而言，發現新事物的喜悅極具吸引力，他們意識到新發現的關鍵時刻會感到欣喜若狂，甚至震驚到屏息。他們會充滿感恩，彷彿自己不夠格發現如此重要的新事物，同時又會喜不自勝，覺得自己所向披靡。聰明部屬一旦嚐過這份喜悅，就會用一輩子追尋更多的創新，這是他們從工作中得到的最大成就感，領導人便能以此作為誘因。

據說牛頓在臨終前曾說：「在我自己看來，我不過是在海邊玩耍的小男孩，偶爾試著尋找更光滑的小石子或更漂亮的貝殼，浩瀚的真相之海在我面前延伸，充滿了尚未被發掘的事物。」

在我的實驗室裡，有個年輕科學家花費三年時間研究某個酶的作用機制，卻毫無所獲。有一天，她在使用共軛焦顯微鏡時找到答案，她說：「第一次觀察到細胞核的變化時，我永遠忘不了後頸汗毛直豎的那種感覺。」

阿瑟．肖洛（Arthur Schawlow）在一九八一年榮獲諾貝爾物理學獎，他在後來接受訪問時被問到天才和一般聰明人有何差別。他說：「天才為自己的所愛而努力。事實上，最成功的科學家不見得是最有天分的人，但他們易受好奇心驅使，進而竭力揭開謎底。」

愛因斯坦也曾說：「我沒什麼特別的天賦，不過是個好奇寶寶而已。」

幼稚園的勞作等於天才的工作

一九七〇年代，心理學家用幼稚園孩童做了一項頗具代表性的實驗，這項實驗旨在探討新發現的重要性。研究者將孩童分為三組，告訴一組孩童：你們如果畫出很棒的畫，可以獲得藍緞帶優等獎。告訴第二組孩童：你們不會得到任何獎勵，但最後畫得好的孩童拿到紅色緞帶。告訴第三組孩童：你們不會得到任何獎勵，最後畫得好的孩童也確實沒有得到獎賞。

兩週後，被告知不會得到獎賞的兩組孩童發揮創意並且積極地作畫，藍緞帶組的孩童卻失去繪畫的興趣，畫得愈來愈少。外在動力摧毀他們創作的興趣，畫圖成了一項工作——而且是無聊的工作。

如果創新的快樂最能有效地賦予你的部屬動力，你就得為他們增加創新的機會，讓他們在工作中得到更多快樂。

你必須強調任務的意義與重要性。和你的部屬好好談談任務對團隊的重要性。別直接命令他們完成任務，你應該詳細解說這項任務，以及任務失敗會導致的困境，完成任務又具有何種意義。

我針對美國醫學院院長進行訪問與調查時，問他們最希望領導人具備什麼特質，最常見的回答是「有策略的願景」，他們想知道組織接下來朝什麼方向發展，以及背後原因。有策略的願景不僅是指引方向，還必須讓成員了解目標的意義。順帶一提，受訪的醫學院院長最不在乎的領導特質，是理財能力。

你必須鼓勵創新。我的部門每年會頒發給一位資淺與一位資深研究員榮譽獎，除了獎金，還有獎牌，而且最重要的是，所有成員會在頒獎典禮上聽他們敘述自己的創新故事。這場典禮的目的，是讓整個團隊感受到創新的重要。

愛因斯坦到普林斯頓高等研究院後不久，參加了一場研究生的演講，聽學生描述幾項驗證 $E=mc^2$ 的簡單實驗。「愛因斯坦忙於其他研究，沒發覺驗證他早期的理論已成為物理學實驗的日常工作。」普林斯頓大學一位教授A．E．康頓（A. E. Condon）如此寫道。當時，愛因斯坦笑得像個小孩，連問了幾次：「這是真的嗎？」他笑得如此開懷，是因為看到自己的理論成為現實。

無法撼動的聰明部屬

有些部屬抗拒任何改變，即使你用創新的可能性引導他們，他們還是堅持原本的方向。根據我的經驗，抗拒改變的部屬可以分成三大類：憤世嫉俗、擔憂恐懼或自以為是。

憤世嫉俗的部屬很悲觀，害怕失去熟悉的事物與相應的安全感，不認為新方向能成功。他們喜歡挑出計畫中所有錯誤的假設與隱藏的危險，這是他們的存在意義。他們會在別人失敗時——尤其是他們的悲觀預言成真時——幸災樂禍，由於他們總是悲觀地認定所有事情都會失敗，預言當然有時會成真，他們會在此時感到得意。計畫失敗等於證實了他們擁有預知能力，即使是他們的無作為導致的失敗，他們也會深信是自己的預言成真。

憤世嫉俗的部屬可能經歷過重大挫折，或曾被競爭對手狠狠修理。他們遭遇過的挫折不一定和任務有關，可能曾經被降職或感情受挫。部屬或許曾全力研發新的超導陶瓷，結果另一個團隊搶先一步成功。投注了大量時間與精力，卻在好處贏家全拿的競爭中失利，部屬往後便可能認為困難任務終將注定失敗。

那麼，身為領導人要如何應付憤世嫉俗的部屬呢？你可以利用他們預測失敗的習性，檢視計畫是否有缺陷：請他們列舉新計畫的瑕疵，讓他們暢所欲言，然後感謝他們提醒有待改進的部分。既然憤世嫉俗的部屬比別人更會挑毛病，就請他們帶領團隊找到修正毛病的方法，找到不完善之處並著手解決，當他們解決掉第一個問題，讓他們抒發過程有多辛苦，你在此時要表現出認可，讓他們知道你也理解這是個棘手問題，然後在成員面前感謝他們挑出毛病。

另一種難以改變的部屬是擔憂恐懼型，他們害怕失去歸屬感，不願改變行事方式。在這類型部屬的心目中，團隊扮演非常重要的角色，他們擔憂計畫失敗會使團隊陷於混亂，也害怕自己在團隊改變目標後失去原本地位。

擔憂恐懼型部屬不會擺明地反抗，卻可能產生被動攻擊（passive aggressive）的行為，你請他們完成某項任務，他們表面答應卻遲遲不完成工作。擔憂恐懼型部屬經常隱藏在別人背後，比較難看清他們的本性。

他們不相信自己有能力完成工作，工作與團隊是他們自尊心的來源，所以擔心自己失敗後被當成魯蛇，甚至被逐出團隊，即使你再三保證不將他們踢出團隊，他們也不會輕易改變行事方向。

弗萊茲本身就是個容易擔憂恐懼的人。當普林斯頓大學邀請諾貝爾物理學獎得主埃爾溫・薛丁格（Erwin Schrodinger）前往任教，比較希望加入高等研究院和愛因斯坦共事的薛丁格拒絕了，弗萊茲擔心自己搶了薛丁格會得罪普林斯頓大學，因此拒絕薛丁格加入高等研究院，錯失了讓物理學界兩大巨頭合作的良機。最後，薛丁格沒有加入高等研究院，也沒有到普林斯頓大學任教，而是返回奧地利，納粹德軍在不久後便入侵奧地利。

對於擔憂恐懼型部屬，你應該縮小任務範圍，把他們能處理的部分交付他們即可。你可以把計畫切割成多項小任務，把小任務交由擔憂恐懼型的部屬負責，讓他們比較容易預見成果，因為比起其他類型的部屬，擔憂恐懼型的人很難想像最後的成功。

你必須為這類型的部屬營造一個穩定且能讓人實現理想的環境，他們才能安心在團隊中工作。你應該經常舉辦社交活動，和擔憂恐懼型部屬互動時，可以聊聊家人和興趣等工作以外的話題。

自以為是的部屬最難搞，他們認為其他人都是笨蛋。要命的是，這類型的聰明部屬經常是對的，他們確實比其他人聰明。他們抗拒的原因是，害怕失敗後改變對自己的認知，心理上無法接受失去優越感的不適。

他們害怕失敗，因此變得更自大，思想與行為更無法變通，只要他們相信自己不會犯錯，就不會接受任何人的指正。別人如果提出新的目標，自以為是的部屬會抗拒改變。

回顧這類型部屬的過去，你會發現一次卓越的成功，上回打敗憤世嫉俗部屬的也許就是他們——但在那之後，他們一直無法複製上回的成功經驗，只靠唯一一次的成功支撐整個職涯。他們用自以為是的態度強化過去成功的光環，迄今仍沐浴在勝利的光芒之下。

要打動自以為是的部屬，你可以把計畫描述成一個待解決的問題，請他們談談自己的想法以及可行的做法。等他們談到團隊要執行的新計畫時，別表現得太熱切，你應該若無其事地說：「這說不定可行，當然，前提是你要參與計畫，而且要在計畫中扮演重要角色。」自以為是的部屬非得要站在正確的一方，他們會被這股欲望拉到你希望他們打下的位置。

除此之外，你可以用激將法驅使這類型部屬火力全開，舉例來說，如果你把問題描述成某種競賽，站在正確一方的欲望也許會轉變成搶第一的欲望。我的團隊有一位年輕的女性科學家，我原本怎麼說也說不動她，最後只好對她說某項任務完全不可行，她和我爭辯了一個小時，後來花了一個月瘋狂工作，為的就是證明自己正確，我也很欣然地承認自己錯了。

抓住部屬的心

部屬若覺得自己是被迫改變方向，他們的創意就會受侷限。你沒能由裡而外說服他們，而是從外把自己的想法強加在他們身上，他們的想像力會受阻，無法發揮創意。聰明部屬很難被說服，別從外在或用物質去勸說他們，你的目標應該是抓住他們的心，讓他們看見新計畫的吸引力，引導他們自行找到新方向，這樣的效果會好上很多倍。

「我出生時一無所知，迄今只有一點點時間能多少增長點知識。」理察．費曼曾這麼說。

改變部屬的前進方向是個動態、流動的過程，你必須有技巧地謹慎行事，因為一不小心就會在過頭與不足之間失去平衡。建議你把誘惑切分成小部分，要把每一個小部分拿捏得恰到好處便相對容易，如此才能引起部屬的興趣。領導人必須具備良好的積極傾聽能力，才有辦法抓到完美的平衡。

在勸說部屬的過程中必須察言觀色，你可能覺得自己話沒說完，但有時候早點收手才是上策，因為部屬決定朝某個方向前進時，不見得會立即表現出改變的意願。

聰明部屬只要投入某項計畫——即使是生產力較低的計畫——就會完全沉浸其中。

請見圖 11.1：「新發現的喜悅」。

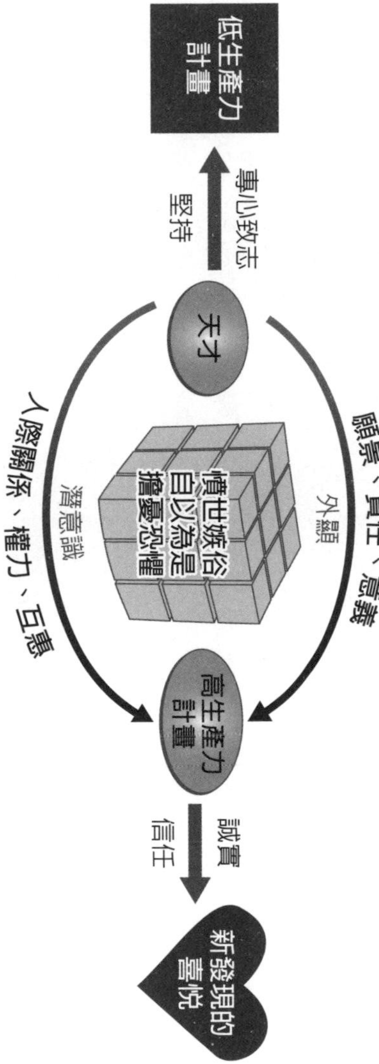
低生產力計畫
專心致志
堅持
天才
願景、責任、意義
外顯
憤世嫉俗
自以為是
擔憂恐懼
潛意識
人際關係、權力、互惠
高生產力計畫
誠實
信任
新發現的喜悅

圖 11.1

聰明部屬的動力源自發現解答，而不是把答案化成商品。改變部屬的努力方向時，你會遭遇他們憤世嫉俗、擔憂恐懼與自以為是的心態阻撓，只要部屬有其中一種，甚至是多種心態，他們就會抗拒任何改變。

領導人可以採用外顯方法或藉由影響他們的潛意識，改變部屬的努力方向。外顯方法是幫助部屬認清計畫的重要性，把執行計畫的責任交付他們；如果你和部屬私下的關係夠好，你也許能用這份關係令他們改變方向；如果你曾幫助他們完成某件工作，他們也許願意回報你。最後，你可以基於和部屬的互信關係，授予他們執行新計畫所需的權力，讓他們扛起計畫的全責。

一旦你引起部屬的興趣，他們就會開始思考。他們可能表面上佯裝不在意，可能還在做原本的工作，但實際上，他們已經開始考量新問題的各種層面。部屬若改變工作方向，就可能獲得創新帶來的快樂，你必須在他們有新發現時給予表揚，讓他們在腦中把改變方向與這份喜悅連結在一起。

想改變部屬的心意，你得先了解他、喜愛他，假如你對他漠不關心，你對他的想法就會不夠敏感，比較難誘使他們改變方向。

「我們不都是專業人士嗎？既然拿了薪水，為何不能乖乖完成上頭交代的工作？」我的一位前同事曾這麼說。大部分員工都能聽命辦事，但聰明部屬與一般員工不同，他們工作的動力不全是金錢，如果你無法理解他們的工作動力，就無法讓他們發揮長才，他們最後也可能離你而去。

你必須關心部屬與他們的成就感，否則就算背下這章講述的每一種方法，你也沒辦法改變部屬的工作方向。也許部屬要的是融洽的人際關係，你卻給他們飄渺的願景；也許他們希望你大方，你卻不夠慷慨。

聰明部屬唯有孤注一擲、全然投入任務，才有可能完全發揮創意。而他們唯有在願意支持與相信任務目標的情況下，才可能全然投入其中。在把任務交付給聰明部屬之前，請先賦予他們意義與動力。

本章一點通

聰明部屬著手新任務時，他們的第一個新發現應該是任務本身。

第十二章

守則10

接受危機

既然當了聰明部屬的領導人，就必須把危機當成是工作的日常。弗萊茲在創立普林斯頓高等研究院初期時遭遇危機，總是保持鎮定，為職員與焦慮的班伯格兄妹帶來一份安定感。當弗萊茲認為某個天才──例如赫爾曼．外爾──適合高等研究院，他就會送出邀請，即使被拒絕也不會覺得氣餒。邀請愛因斯坦的過程也相當波折，如果愛因斯坦花一半時間在加州理工學院工作，高等研究院僱用他的利益勢必會少很多，愛因斯坦對高等研究院造成的貢獻也不會如此重大。

弗萊茲透過書信與愛因斯坦討論此事時，總是平靜而理性，愛因斯坦最後同意成為普林斯頓高等研究院的全職員工，弗萊茲也答應讓他參與往後的聘僱決策。愛因斯坦主要是受弗萊茲擘畫的願景吸引，但無可否認，弗萊茲處變不驚的態度也是愛因斯坦加入高等研究院的原因之一。

哈佛數學家喬治．伯克霍夫在接受職缺後又反悔，令弗萊茲很不好受，但在班伯格兄妹與高等研究院理事會成員面前，弗萊茲始終表現得很平靜。前面提過，弗萊茲並沒有要報復伯克霍夫的意圖，也沒有因此灰心喪志，反而更加努力招募愛因斯坦，最後他的努力有了成果。

愛因斯坦加入高等研究院後不久，他前往歐洲，在牛津與巴黎發表一系列夏季演說。當愛因斯坦宣布要離開德國前往普林斯頓時，納粹查封了他的房產，以及大約三萬馬克（相當於現在的二十二萬美元）的銀行存款，甚至連他心愛的小提琴也被沒收。愛因斯坦被逐出巴伐利亞科學院，納粹年輕人在歌劇院前焚燒猶太書籍時，愛因斯坦的著作也被一併燒毀。

納粹對愛因斯坦的迫害，使他成為國際知名的反納粹人物，甚至有傳聞德國極端民族主義團體「費姆」（Fehme）願意支付五千美元（超過現在的八萬美元）給殺死愛因斯坦的任何人。愛因斯坦在牛津演講時，一大群納粹黨員在附近的度假勝地休憩，距離他的臨時住所僅有十英里。

弗萊茲為愛因斯坦的安危擔憂不已，不只弗萊茲，很多友人也勸愛因斯坦趕緊回美國。愛因斯坦不肯，他表示：「如今猶太人與自由主義者遭受嚴重威脅，我們必須本著道德義務，做我們平時不會做的事。」

儘管弗萊茲當時內心忐忑不安，外表仍舊維持鎮定，正是這份鎮定帶領高等研究院在創辦初期萌芽、成長。但到了後期，弗萊茲面對逆境變得心浮氣躁，任何反抗他的人都遭受言語攻擊，他從不問職員與理事會的意見，卻恫嚇他們要支持他的決定。

大部分高等研究院職員一開始都很支持弗萊茲，後來卻開始反抗他，要求理事會逼迫弗萊茲下臺。面對普林斯頓的反猶太主義，弗萊茲毫無作為，並且沒有開誠布公說明不公平支薪的原委，引起職員的不滿。曾經幫忙救援歐洲猶太人並逃離希特勒掌控的愛因斯坦，更是對弗萊茲包容反猶太主義感到不悅。其他職員不滿弗萊茲支付薪水不公平，認為他並未坦承背後的實情。就連原本因結核病一直無法成為高等研究院正式職員的愛德華．厄爾，由於弗萊茲的賞識得以加入高等研究院，最終也和弗萊茲反目結怨，他寫信給兩位理事請他們對弗萊茲施壓，逼他請辭。

了解到多數科學家對弗萊茲的不滿，高等研究院理事會召開緊急會議。理事會成員中仍有弗萊茲的支持者，他們勉強擋下逼弗萊茲請辭的決議，請理事會先審查高等研究院的財務狀況。結果，理事會發現高等研究院的財務一團亂，弗萊茲揮霍無度，所剩的經費完全不足以支付目前的營運。

面對財務危機與職員反動，弗萊茲的反應有如火上澆油，他拒絕為這兩件事負責，在自己的管理方式受質疑時憤慨不已。弗萊茲向理事會施壓，要求他們重新確立他的權威，並建議理事會用捐贈的基金補足他經營不善導致的虧空，在一場各方激烈爭執、耗時冗長的會議後，弗萊茲失敗了，他未能說服理事會的多數人支持他的提案。

高等研究院理事會於一九三九年十月二十九日接受弗萊茲被迫提出的辭呈，《紐約時報》報導弗萊茲下臺的每一個聳動細節，根據報導，弗萊茲與高等研究院的天才科學家起衝突是他辭職的主因。

結果到最後，弗萊茲成了悲劇性的天才領導人，他在創辦高等研究院初期出乎意料地成功，但他忘了自己成功的關鍵因素，最後輸得很徹底。如果連弗萊茲都會失敗，還有哪個領導人能立於不敗之地？

創新的壓力

壓力總是伴隨科技創新而來，人們已經習慣舊有的行事方式，創新迫使他們要適應新方法、新環境。新科技揭露了過去做法的不完善之處，等於承認自己有缺陷。凡是仰賴天才創新的組織，都必須面對創新帶來的壓力。

愛因斯坦曾寫道：「崇高的精神總是遭受平庸事物的激烈反抗，後者無法理解人為何不能順服於代代相傳的偏見，而要勇敢、誠實地運用智慧。」

既然危機是聰明部屬領導人的日常，最後一條守則自然就是接受危機。如果你無法在面對災難時從容行事，你會做出很多錯誤決定，傷害到團隊裡的部屬，你還會把每一次危機的壓力感染給部屬，壓抑他們發揮創意。如此一來，部屬成天跟著你一起擔憂，根本無心執行計畫。

即使你覺得快要被超出自己掌控的困境吞噬，依然必須表現鎮定。我剛成為醫師在急診室實習時，第一次遇到心臟病發的病患，當時麥可・威爾斯醫師（Dr. Mike Welsh）告訴我：「深呼吸，三思而後行，在病患的神經元開始壞死前，你有二百四十秒的時間。」

你有沒有試過靜坐在位子上盯著時鐘，等待二百四十秒過去？這段時間比想像的還要長，你根本無法一直專注看時鐘，要是沒有緊急狀況，你可能還會覺得無聊，開始胡思亂想。**醫師面對心臟病發的病患尚有二百四十秒可供思考，當你面對生意上的危機，不用強迫自己快速做決定。**

危機使人盲目

當你倉促做決定，就等於承認自己承受巨大壓力，願意接受錯誤的選擇，此時，你跳過考量決策結果的步驟，做決定耗時多寡成了做決策的依據。倉促做決定是自私的表現，因為你允許壓力推動你的決策過程，你只想趕快完事，擺脫壓力。你必須維持鎮定，避免讓緊急情況主宰你的決定，多方考量不同的方案。

危機會使人盲目，我們面對危機就像盯著定時炸彈上的倒數計時器，滿腦子想著爆炸的慘狀，但我們當下該想的不是事後如何撿拾屍塊，而是要想辦法拆除炸彈。危機會讓你專注於你的事業可能遭受的重創，而不是計畫或團隊受到的傷害。如果你忍不住擔心自己在危機中滅頂，你就無法理性地做判斷。炸彈拆除小組中的英雄，往往是炸彈即將爆炸卻還是努力到最後一秒的人，他們全心全意專注於眼前工作，不浪費任何時間思考危機對自己的影響。

面對危機時保持冷靜，其他九條守則才能發揮作用。假如你面對威脅事業的危機還能臨危不亂，就能在成員面前展現自己的節操，帶領團隊挺過難關。你可以透過平靜的表現流露堅強的個性，這份堅強來自你對自己領導方式的信心。若心不夠平靜，你會讓危機剝奪你做決定的能力。

鏡像神經元的作用

「追隨者會複製領導人的一舉一動——這是字面上的意思。」心理學家丹尼爾·高爾曼（Daniel Goleman）與理查·波雅齊斯（Richard Boyatzis）寫道。**你的團隊會無意識地模仿你，他們最能夠反映你身為領導人的能力。**領導人以身作則，培養團隊風氣，這其實是有神經學的根據：我們大腦的前額葉皮質是管理行為的中樞，每個人的前額葉皮質都存在鏡像神經元，這些神經元會在你模仿他人時活躍起來。

加利福尼亞大學洛杉磯分校神經學家馬可·亞柯波尼（Marco Iacoboni）認為，鏡像神經元會幫助我們從別人的行動，判斷他們的意圖，這是人與人之間產生同理心的基礎。舉例來說，亞柯波尼的實驗顯示，鏡像神經元能分辨一個人拿起茶杯是為了喝茶，還是將使用完畢的杯子收走。

當一個和你談話的人，用語調或肢體語言展露出哀傷，無論他使用的言語是否含有悲傷的字眼，我們還是會跟著感到難過。我們會下意識地偵測言語背後的情緒與意圖，鏡像神經元則會複製他人的情緒——**這也是為什麼領導人的情商十分重要，你傳達訊息的方式可以毀掉訊息，或強化訊息。**

平靜地營造空間

你之所以要保持鎮定，最主要的原因就是要給自己幾分鐘時間，衡量眼前情況適用哪一條守則，然後付諸實行。遭遇危機時，我們很容易在考慮使用哪一條守則前，先憑直覺與情緒下決定。要是你能保持鎮定，結果就會截然不同。保持冷靜，你就不會在急迫的情勢下衝動行事，也不會因為擔憂做錯決定的後果而躊躇不前。當你感覺平靜，你就能營造讓團隊繼續運作的空間。

在一九六〇年代冷戰的高峰期，蘇俄試射了一種新型洲際飛彈，飛彈射程比以往更廣，能將核彈頭發射到美國更多的城市。一群彈道飛彈專家被召集到祕密場所，並被告知在找到偵測新型飛彈的方法前都別想出來。每位團隊成員都感受到沉重的壓力，他們幾乎不認識彼此，還得在如此危急的情況中找到解決方法。

「我們甚至吃不下飯、睡不著覺。」其中一位飛彈工程師告訴我。所幸，這個團隊的領導人明白，工程師的焦慮只會減損創意，他於是先讓所有人互相認識，聊聊各自的家人與受過的教育。接下來，他請成員倒退一步，別把問題視為蘇俄與美國的核戰對決，用這種方式思考問題與後果只會令人血壓升高。領導人把狀況形容成航空工程上的問題，他以前是大學教授，有辦法把問題以理論形式呈現出來，甚至將一條條公式列在老式黑板上。

領導人先幫團隊成員建立人際關係，再營造一個飛彈工程師熟悉的環境——在教室裡思考教授的提問，他成功地讓團隊冷靜下來，給了每個人智力與情緒的舒緩空間。後來，這群科學家在數週內找到探測與攔截飛彈的方法。

領導人保持平靜，就能用自己的方式營造工作環境，用自己的方式制定處理危機與解決問題的流程。平靜，就表示你相信自己，而且還知道自己的價值遠大於這次雷聲大雨點小的危機。

平靜地培養信心

你不能被危機牽著鼻子走，如果你在外在壓力下改變了價值觀，就會失去團隊的信任，減損團隊的努力與熱忱。即使是燃眉之急，你也要謹遵十條守則，如此一來，你會變得有一致性且容易預測，成員不必浪費時間揣測你的下一步或反應，他們知道你無論如何都會基於正確原因做對的事，於是更加信任你。缺乏信賴關係的團隊難以存活。

如果團隊成員無法信任你，他們會認為粉飾事實是團隊的常態，研究結果參雜半真半假的資料，數據會被錯誤闡釋，你也會發現你的團隊不可信賴。在這種情況下，計畫建立在布滿裂痕的基礎上，原本有創意的計畫會在第一場挑戰來臨時就瓦解。

我把這種情形稱為「缺陷擴大化」（amplification of fault）：如果你身為領導人，允許計畫存在幾乎無法察覺的小差錯與小謊言，這些缺陷會隨著計畫進展而漸漸擴大，最後，在面對難以承受的重擔時，所有缺陷會一同導致計畫崩解。等到此時，計畫已經進行一段時日，失敗造成的損失更加慘重，這會導向缺陷擴大化的第二個特徵。

計畫失敗得愈徹底，人愈會推卸責任。失敗造成的損失令人忍不住想問：這是誰的錯？缺陷萌芽期距離現在愈遠，相對應的損失就愈慘重，這時團隊成員會拉別人下水，一起分攤失敗的後果。成員會如此反應，是因為團隊缺乏信任。面對失敗，領導人必須保持冷靜，以免缺陷擴大化，避免團隊成員互相推卸責任。

平靜地加強創意

一九八九年，聯合航空（United Airlines）二三二號班機的二號引擎爆炸，導致控制機翼與尾翼的液壓系統損壞，駕駛員無法控制飛行方向。飛機機長艾爾弗德．海恩斯（Al Haynes）焦急地翻閱駕駛手冊，卻沒找到任何解決方案。

只要再過幾分鐘，飛機就會失速下墜，但機上記錄器卻顯示，海恩斯與副機長始終保持冷靜，甚至開玩笑說降落後要一起去喝杯啤酒。

在那短暫的平靜中，海恩斯想到一個妙計：他現在只能控制剩下兩臺引擎的油門，他可以讓一側的引擎加速，另一側的引擎減速，利用兩側引擎的轉速差異緩緩改變飛行方向，前往愛荷華州蘇城緊急降落。飛機迫降時在跑道上側著機身滑行，滑進一旁的玉米田，二百八十二名乘客中有一百一十一人死於迫降引發的大火，但在如此災難中有人存活已是不幸中的大幸，這是團隊保持冷靜、運用創意度過危機的典範。

「最困難的部分在於保持鎮定，我們都知道不能不專心，不能讓腦子一團亂。」海恩斯說。

到了今天，運用剩餘引擎的轉速差異轉向，已成為飛機受損時的標準應對方式，但在海恩斯遇上災難時，它尚未存在。它是海恩斯在緊急時刻，為那一刻發明的創新急救辦法。

海恩斯表示，他自己也不曉得用引擎轉速差異轉向的靈感從何而來，他說：「我不是什麼天才，但任誰的腦子遇上那種危機都會變得比較靈光。」

數到二四〇

危機當前時保持鎮定，你才不會在情急下做出有違十大守則的選擇，帶領團隊走上歧路。鎮定能強化團隊的信心與創意。

當外在壓力轉變成追求成功的內在壓力，你做選擇時更有可能只求自保，你可能不是有意為之，但皮質醇與腎上腺素這兩種壓力激素會強迫大腦保護自己。

在面對危機時保持冷靜的關鍵，就是理解：危機是正常的。我們常在壓力的作用下倉促做決定，為的是儘快脫離令人不安的情境，這是我們天生的習性。如果你能明白外在壓力不過是工作正常的一部分，你比較能臨危不亂。你應該想像心中有個浮球，隨著內在壓力浮浮沉沉；你也能透過生物的壓力指標——例如語調漸高、腦充血或腹部翻攪——觀察自己是否感到焦慮。

你若察覺到心中的浮球漸漸升起，就退一步，讓大腦重新整理思緒，千萬別在心浮氣躁時做決定，此時的決定會以自保為目標，可能傷害到你的團隊與計畫。

當我覺得自己承受過大的壓力，開始違背自己設立的守則，我會用幾種方法讓心情緩和下來。在那之前，我們應該認清壓力會對人造成哪些影響：壓力激素是長期演化的產物，幫助我們或戰或逃，這些激素使人心跳加速、呼吸急促，血液從大腦流向肌肉——這是我們無法正常用腦判斷事情的原因之一。

這時候，我通常會做一些肢體運動，把身體為或戰或逃準備的能量消耗掉。我也許會外出散散步，甚至在辦公室裡做伏地挺身（助理第一次看到這個怪現象，還以為我瘋了）。

接下來，我會吃點健康的零食。大腦的能量來源是葡萄糖，但糖分過高的點心會使血糖急速上升，接著血糖又會在胰島素的作用下急速下降，如果要避免血糖起伏的不適，可以吃些含有複合碳水化合物或蛋白質的點心，別光吃甜食。

如果你長期受內在壓力困擾，可以找個值得信賴的良師益友對他訴苦，這也能幫助你恢復冷靜。良師益友能引導你從不同角度看事情，消除危機帶來的焦慮。

個人興趣也能減緩內在壓力。石溪大學副校長肯尼・高山斯基（Ken Kaushansky）是我認識的人當中最勤奮的一位，興趣是蒐集火車模型。有一年，他邀我和家人到他家過感恩節，我參觀他的車庫，發現這個能停三輛車的空間被他用來展示火車模型，他甚至做了極為細緻的小山、人偶與迷你城鎮。

「我今年壓力比較大，」我問他為何建造如此巨大的火車月臺時，他回答。「做這些是我的興趣，而且做手工藝的那幾個小時不必思考工作上的問題。」

做你喜歡的事，可以暫時分心讓大腦休息，給大腦一些彈性空間。就像肢體訓練一般，你也必須適時讓肌肉休息。用興趣使自己分心也是同樣道理，等你再次開始工作時會變得更專注，更能從不同角度看事情、看生命。凱德醫師的興趣是修復老舊的斯圖貝克（Studebaker）車；佛羅里達大學放射腫瘤科教授保羅・歐坤涅夫（Paul Okunieff）是數間生技公司的創始人，他喜歡乘坐皮艇悠遊佛羅里達沿岸的水泉與紅樹林。

若你的目標是突破科技極限，你肯定逃不過外在壓力，總是會有競爭對手和你搶著推出新商品，總是會有盧德主義者（反對新科技的人，Luddite）反對改變，總是會有剽竊者盜取你團隊的想法，也總是會有人霸占著資源獨享。如果你的團隊突破了領域的極限，這些人會一窩蜂擁來，試圖搶走你們的成就。

領導自己

人不會一生下來就懂得在面對危機時保持冷靜，這需要練習。每個人在遇上危險時都會分泌腎上腺素，進入或戰或逃模式，保持冷靜的關鍵就是謹守十大守則與用它們代表的價值觀穩定自己，這是你管理聰明部屬，承受排山倒海的壓力時，最好的防禦方式。況且，如果你成為臨危不亂的典範，成員的鏡像神經元會開始作用並仿效你。

我們身處的社會重視結果論，評判領導能力的方式是看有多少人願意服從你的指令，但是帶領聰明部屬必須由內而外，先用守則與價值觀找到自己的根基，確保你對這些價值的信念夠強大，無論面對何種困境都能遵守自己的原則。

每一條守則背後都有值得我們信奉的價值觀。真正優秀的領導人不會用自己的事業評判成功，而是反省自己是否遵守了原則，秉持最初的價值觀。

IBM創始者托馬斯・華生（Thomas Watson）曾說：「要判斷一個人領導他人的能力，就看他平時如何領導自己。」

價值觀是守則的根基

領導自己可從守則一開始，也就是認清真正的自己。除非你持續進行自我評量，否則你只有在危機當前才會看清自己的弱點。你可以藉由觀察自己平時刻意避免哪幾種衝突，來分析自己欠缺的領導力——衝突通常是某個價值觀受侵犯而產生。

你必須找到比工作更重要的價值觀，以此鞏固自己的心志。即使你不相信這些原則，它們依然是事實。如果能把這些原則看得比工作更重，你就能在危機發生時謹守書中的守則。

很多人自以為自己有信奉的領導原則，卻常在遭遇危機時妥協，勉強地合理化自己的所作所為。我們常聲稱自己支持某些價值觀，但真正信奉的是面臨危機時浮出表面的價值觀。

缺少內在價值觀，十大守則就經不起危機的考驗，反之亦然。如果口口聲聲說自己信奉這些價值觀，卻在遇到問題時背棄十大守則，那你就是在自欺欺人。在艱困時期堅守十大守則，就表示你真心接納守則背後的價值觀，如果這些價值觀化為你性格的一部分，遵守十大守則會更加輕而易舉，你不會一有壓力就改變行事方法。

切記，你不能獨信單一價值觀，無視其他原則，一條守則背後的價值觀往往是其他守則的基礎。如果不重視誠實的價值，你就很難遵守第一條守則；所謂誠實，就是表裡如一，對自己、對別人都是同一副面貌。一個人如果對自己說謊，就是在不知情的情況下對別人說謊，現實會變得可以塑造，他會為自己扭曲事實。如果你能對自己誠實，和別人相處時自然會更加坦誠。

如果用守則一認清自己的面貌，才能做到守則二所要求的慷慨無私。你明知自己能力有限，也知道把權會減損團隊的生產力，但你還是忍不住想掌控全局，非得成為每一次決策的中心不可，那你就是自私。這份私心會驅使你把權，用權力建構起自尊心。唯有把自尊心立於自我糾正的能力之上，而不是用權力作為自尊心的基礎，你才能不帶私心地授權。

無私的人明白，聰明部屬的成功比自己能否升遷來得重要，因此比較能保持謙卑。謙卑的人會把聰明部屬的話看得比自己的話重要，能按守則三的方法聽從團隊意見。

誠實、無私與謙卑導引至守則四背後的「透明」價值。你知道部屬的建議能幫助你做更好的決定，於是你提供資料、傾聽部屬的意見後才做決定。你為了進步而透明化地反省所有決策，對團隊中的部屬負責。如果你對自己不誠實，就會隱匿資訊，背著眾人做決定。

透明化將導向智慧，也就是守則五背後的價值觀。你徵詢所有成員的意見才做決定，於是每次決策都能學到新事物，每次都是一種學習機會，你愈常和團隊反省過去的決定，就會增長愈多經驗值。

智慧增長後你會發現，創新往往來自出人意表之處。如果你待人公平，公平地給予每個成員貢獻的機會，團隊就有機會達成新突破、新進展。智慧能讓你克服偏見，掃除團隊生產力的障礙。缺少守則六背後的價值觀——公平，你的團隊將難逃過去的束縛。

智慧將引領你走向守則七背後的價值觀，也就是謹慎。謹慎的人會仔細考慮該選擇哪一條路，他們會三思而後行，不會恣意說出心中念頭，因為有些言行可能會中傷別人。

無私、謙卑與公平導向守則八背後的價值觀：關照團隊。關照團隊，意思是與成員同甘共苦。

你會發現，每個成員都很有價值，因為他們能提供獨特的觀點，用他們的特殊方法解決問題。每個人都很有才，只是程度上的差別，關照團隊的領導人會傾聽部屬的說法，而公平與謙卑原則能協助你籌組非線性、階級扁平化的團隊。

關照團隊繼而導向守則九背後的價值觀，尊重。一個不尊重成員的領導人，會強迫聰明部屬執行新任務，而不是包裝新任務來勸進部屬。在這種領導人眼中，讓願者上鉤太浪費時間，他們會採取直接下達命令的方式。不尊重成員的領導人不在乎能否激發部屬的創意，他們只希望部屬臣服。

你必須不吝嗇地把時間與精力投注在聰明部屬身上，才能吸引他們朝新目標前進；少了尊重、多了私心，你就無法把守則九付諸實行，無法把部屬拉往你要的方向，你只能用蠻力推行。最後一條守則的基礎是勇氣，一個缺乏勇氣的領導人無法在面臨危機時保持鎮定，這需要的不僅是保護團隊的勇氣，更是不計代價堅守原則的勇氣。很少人能謹遵這些守則，但它們正是帶領聰明部屬不可或缺的關鍵，否則部屬很容易識破你扭曲原則的行為。請見圖 12.1。

唯有讓這些原則成為你人格的一部分，才能在危急時刻不背棄十大守則。這些價值觀是十大守則的基石，缺少它們，你無法在危機的代價升高時依然謹遵守則。如果你可以在自己的事業岌岌可危時採用十大守則，就是證明了部屬的成功比你自己的成功重要，此時，部屬就沒有後顧之憂，可以大展手腳，開始創新。

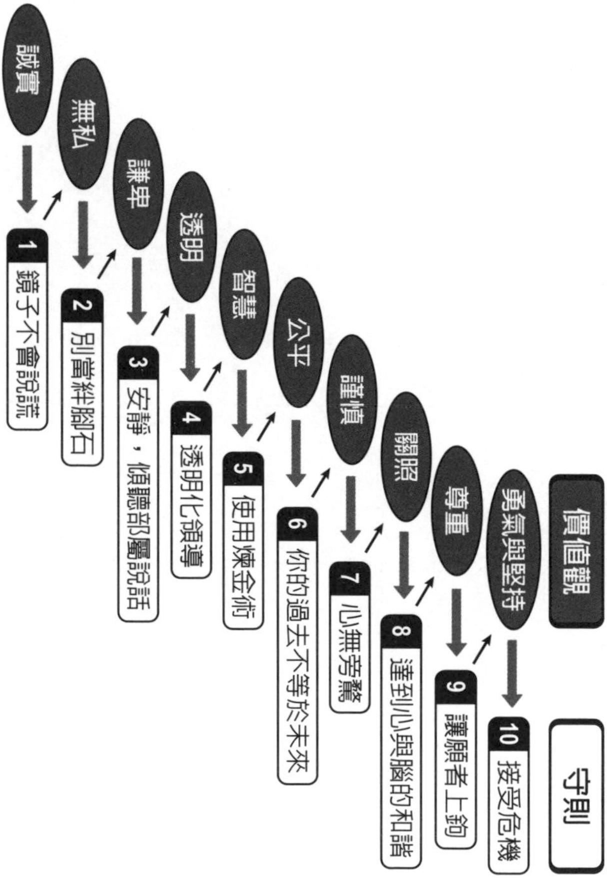
價值觀
守則
誠實
1 鏡子不會說謊
無私
2 別當絆腳石
謙卑
3 安靜，傾聽部屬說話
透明
4 透明化領導
智慧
5 使用煉金術
公平
6 你的過去不等於未來
謹慎
7 心無旁騖
關照
8 達到心與腦的和諧
尊重
9 讓願者上鉤
勇氣與堅持
10 接受危機

圖 12.1

本章一點通

心理層面的凝聚力和專業知識一樣能激發創意的火花。

後記　在別人身上看見自己

容我在此提出一個涵蓋十大守則與十種價值觀的大原則，也是你實行十大守則的主要動力。**十大守則背後的最高原則是同理心，也就是在別人身上看見自己的能力。**

你希望部屬享有發現新事物的喜悅，是因為你也想體驗那份快樂，你和他們一起承擔痛苦，是因為你想和他們共享夢想成真的一刻。你也許不理解聰明部屬的思考過程，但你能體會他們的快樂。

假如缺少同理心，你不會把團隊視為與自己同等重要的存在，你會拒絕為自己的行為負責，試圖合理化自己造成的傷害。你認為自己比別人有價值，也相信團隊是因你而存在。

當你無法在別人身上看見自己，你會落入狡詐的陷阱。你會用意圖而不是行為評判自己，用行為而不是意圖評判他人；你會用意圖衡量自己的德行，卻用行為衡量別人的德性。

我們評判自己與評判他人的差異，會造成人與人之間的不信任，每個人都高估自己的德性，低估他人的價值，而這種情況在危急時期更會加劇。舉例來說，我知道自己為了維持良好形象撒了個無傷大雅的謊，我也會選擇原諒自己，但卻毫不留情地要求別人一律誠實。

我們選擇在對自己有利的情況下兼顧原則，遇到困難就把原則拋到九霄雲外，只因我們不想付出堅持原則的代價，但我們依然會以最高標準要求別人。

如果你無法感受到別人的痛苦或快樂，就不可能謙卑、無私，領導能力會大打折扣。即使你不了解天才的腦袋，也要想辦法觸及他們的內心。如果你能感受到部屬內心的情緒，也許就能設身處地為他們著想，做對他們最有利的選擇，你會成為菁英團隊的一部分，而不是讓部屬成為你的延伸。

共享部屬的快樂與痛苦，就表示你理解實施十大守則的重要性。你希望聰明部屬能有創新的突破，希望他們感受到發現新事物的喜悅，你會一起感到快樂，因為這是你得到最棒的獎賞：部屬的成功。當你為天才型部屬的成功慶賀，在那短短一瞬間，你自己也成了天才。

誌謝

我們今天能出書，多虧許多領域的領導人在過去二十年和我們討論領導原則。我們要感謝出版經紀人湯瑪斯・富蘭納瑞（Thomas Flannery）與編輯黛安・瑞維安（Diane Reverand），他們都是出書過程的幕後功臣。幫助我們將領導要點濃縮成十條守則的人實在太多，此處無法一一列舉，但我們由衷感謝影響最大的幾位領導人：已退役美國陸軍少校查爾斯・斯甘隆（Charles Scanlon），前美國陸軍語言學計畫（U.S. Army Linguistics Program）主持人；蘭尼・懷特洛克（Laney Whitlock）工商管理碩士，BigTentCare.com 共同創辦人與營運長，前聯邦出版公司（Federated Publishing）執行副總裁；保健管理碩士艾德・吉門尼斯（Edward Jimenez），聖德教學醫院執行長；麥克・波頓（Michael Boughton）哲學博士，前天合汽車集團流體力學部門（TRW Fluid Mechanics Group）資訊科技主任；約翰・克拉夫特（John Kraft）哲學博士，佛羅里達大學沃靈頓商學院（Warrington School of Business）院長；羅伯特・

湯瑪斯（Robert Thomas）法律博士暨哲學博士，沃靈頓商學院經營管理系系主任；伯特・阿道曼（Burt Adelman）醫學博士，前 Dyax 公司研發部門營運長，前 Biogen 研發部門營運長；薛瑞・威爾曼（Cheryl Willman）醫學博士，新墨西哥大學癌症中心（University of New Mexico Cancer Center）經理兼執行長；瑪莎・利格特（Martha Liggett）法律博士，美國血液學會（American Society of Hematology）總經理執行董事；愛德華・蔡（Edward Choi）醫學博士，喬登國際救助組織（Jordan International Aid）共同經理，帕羅奧圖遊民收容所（Palo Alto Homeless Shelter）醫學主任；肯尼・高山斯基醫學博士，健康科學（Health Sciences）副總裁，石溪大學醫學院院長；麥克・卡利久里（Michael Caligiuri）醫學博士，詹姆斯癌症醫院與索羅夫研究機構（The James Cancer Hospital and Solove Research Institute）執行長，俄亥俄州綜合癌症中心（Ohio State's Comprehensive Cancer Center）主任，Zivena 與 Arno 醫療公司共同創辦人；傑・布拉德納（Jay Bradner）醫學博士與哲學博士，諾華基金會（Novartis Foundation）主任，前哈佛醫學院（Harvard Medical School）助理教授，Acetylon 藥品公司，SHAPE 藥品公司，Tensha 醫療公司與 Syros 藥品公司共同創立人；皮特・埃利（Pete Earley），前《華盛頓郵報》（*Washington Post*）記者與暢銷作家；大衛・

維利亞諾（David Vigliano），AGI維利亞諾出版經紀公司（AGI Vigliano Literary LLC）經理；提姆西・福林（Timothy Flynn）醫學博士，前佛羅里達大學保健組織醫學長；雷斯・赫羅馬斯（Les Hromas）哲學博士，天合汽車與諾斯洛普・格魯曼公司（TRW/Northrop Grumman）噴射推進實驗室（Propulsion Laboratory）專案經理；波普・莫斯利（Pope Moseley）醫學博士，阿肯色大學（University of Arkansas）醫學院院長；弗雷德里克・蘇瑟維克（Fred Southwick）醫學博士，哈佛大學高等領導會會員（Advanced Leadership Fellow），佛羅里達大學保健組織醫藥品質專員；大衛・古齊克醫學博士與哲學博士，佛羅里達大學健康組織（Health Affairs）資深副總裁；羅伯特・勒佛倫斯（Robert Leverence）醫學博士，佛羅里達大學醫學系副主任；喬恩・利希特（Jon Licht）醫學博士，佛羅里達大學癌症中心主任；J・拉里・詹姆斯昂（J. Larry Jameson）醫學博士，賓夕法尼亞大學佩雷爾曼醫學院（University of Pennsylvania Perelman School of Medicine）院長；彼得・伯克利（Peter Buckley）醫學博士，維吉尼亞聯邦大學（Virginia Commonwealth University）醫學院院長；伊森・狄密托夫斯基（Ethan Dmitrovsky）醫學博士，德州大學安德森癌症中心（University of Texas MD Anderson Cancer Center）教務長；馬克・安德森（Mark

Anderson）醫學博士暨哲學博士，約翰・霍普金斯大學醫學系系主任；馬克・齊德爾（Mark Zeidel）醫學博士，哈佛醫學院貝斯以色列醫院（Harvard Medical School Beth Israel Hospital）醫學系系主任；安德魯・沙佛（Andrew Schafer）醫學博士，前康乃爾大學威爾醫學院（Weill Cornell School of Medicine）醫學系系主任；哈爾・布魯克斯邁爾（Hal Broxmeyer）哲學博士，前印第安納大學微生物暨免疫學系系主任；史蒂文・德科斯基（Steve DeKosky）醫學博士，前維吉尼亞大學（University of Virginia）醫學院院長；史帝夫・蘇格魯（Steve Sugrue）哲學博士，佛羅里達大學資深副研究主任；凱文・伯恩斯（Kevin Behrns）醫學博士，聖路易斯大學（St. Louis University）醫學院院長；斯科特・羅夫克斯（Scott Rivkees）醫學博士，佛羅里達大學小兒科主任；克雷格・布雷特（Craig Brater）醫學博士，內科醫學學術聯盟（Alliance for Academic Internal Medicine）主任，前印第安納大學醫學院院長；大衛・威廉斯（David Williams）醫學博士，波士頓兒童醫院（Boston Children's Hospital）血液暨腫瘤科主任；布魯斯・布拉札（Bruce Blazar）醫學博士與哲學博士，明尼蘇達大學臨床與轉譯科學中心（University of Minnesota Clinical and Translational Science Center）主任；湯瑪斯・希萬克（Thomas Schwenk）醫學博士，內華達大學雷諾分校（University of Nevada Reno）醫學院院長兼副總裁；以及麥克・古德（Michael Good）醫學博士，佛羅里達大學醫學院院長。

佛羅里達大學醫學系的領導團隊，也是我們在撰寫本書時不可或缺的助力：瑞秋・帕默（Rachel Palmer）工商管理碩士；愛麗莎・伍德（Alicia Wood）工商管理碩士；菲・洋希（Fay Yancey）工商管理碩士；拉瑞・愛德華茲（Larry Edwards）醫學博士；愛倫・茲墨曼（Ellen Zimmerman）醫學博士；卡門・阿勒加（Carmen Allegra）醫學博士；馬克・布蘭特利（Mark Brantly）醫學博士；傑米・康提（Jamie Conti）醫學博士；馬克・瑟高（Mark Segal）醫學博士與哲學博士；肯尼・庫希（Ken Cusi）醫學博士；麥可・勞札多（Mike Lauzardo）醫學博士；衛斯特・里維（West Reeves）醫學博士；克利斯・佛斯馬克（Chris Forsmark）醫學博士；瑪麗安・利瑪克（Marian Limacher）醫學博士；大衛・奈森（Dave Nelson）醫學博士；約翰・溫加德（John Wingard）醫學博士；馬克・祖姆堡（Marc Zumberg）醫學博士；茱莉亞・克洛斯（Julia Close）醫學博士；理查德・薛菲德（Richard Schofield）醫學博士；以及布拉德・本德（Brad Bender）醫學博士。感謝瑞秋・赫羅馬斯（Rachel Hromas）在我們忙著寫稿的週末邀我們作客，也特別感謝約書亞・赫羅馬斯（Joshua Hromas）幫忙編輯書稿，以及艾瑞克・希根費德（Eric Hilgenfeldt）醫學博士與約書亞・克拉莫（Joshua Kramer）醫學博士花了寶貴時間試閱。

big 0309

部屬比你聰明怎麼帶？——向愛因斯坦的老闆學領導

作　　者——羅伯特．赫羅馬斯（Robert Hromas）、
克利斯托福．赫羅馬斯（Christopher Hromas）
譯　　者——朱崇旻
主　　編——陳家仁
企劃編輯——李雅蓁
行銷副理——陳秋雯
內頁圖片——賴麗月
美術設計——FE Design

第一編輯部總監—蘇清霖
發 行 人——趙政岷
出 版 者——時報文化出版企業股份有限公司
10803 台北市和平西路三段 240 號 4 樓
發行專線—（02）2306-6842
讀者服務專線— 0800-231-705、（02）2304-7103
讀者服務傳真—（02）2302-7844
郵撥— 19344724 時報文化出版公司
信箱—台北郵政 79 ～ 99 信箱
時報悅讀網— http://www.readingtimes.com.tw
法律顧問—理律法律事務所 陳長文律師、李念祖律師
印　　刷—勁達印刷有限公司
初版一刷— 2019 年 7 月 5 日
定　　價—新台幣 380 元

時報文化出版公司成立於一九七五年，
並於一九九九年股票上櫃公開發行，於二〇〇八年脫離中時集團非屬旺中，
以「尊重智慧與創意的文化事業」為信念。

ISBN 978-957-13-7825-1
Printed in Taiwan

部屬比你聰明怎麼帶?：向愛因斯坦的老闆學領導 / 羅伯特.赫羅馬斯(Robert Hromas), 克利斯托福.赫羅馬斯(Christopher Hromas)著；朱崇旻譯. -- 初版. -- 臺北市：時報文化, 2019.07
面；　公分
譯自：Einstein's boss: 10 rules for leading genius
ISBN 978-957-13-7825-1(平裝)

1.人事管理 2.企業領導
494.3　　108008018